Evaluation on Communication Effect of Network Platform of
China Association for Science and Technology

中国科协网络平台
传播效果评价研究

中国科协信息中心　主编

人民日报出版社

北京

图书在版编目（CIP）数据

中国科协网络平台传播效果评价研究 / 中国科协信息中心主编.—北京：人民日报出版社，2023.4
　　ISBN 978-7-5115-7722-1

　　Ⅰ.①中… Ⅱ.①中… Ⅲ.①互联网络—应用—中国科学技术协会—传播—研究 Ⅳ.①G322.25-39

中国国家版本馆CIP数据核字（2023）第021212号

书　　　名：中国科协网络平台传播效果评价研究
　　　　　　ZHONGGUO KEXIE WANGLUO PINGTAI CHUANBO XIAOGUO
　　　　　　PINGJIA YANJIU
主　　　编：中国科协信息中心
出 版 人：刘华新
责任编辑：梁雪云
封面设计：中尚图
出版发行：人民日报出版社
社　　　址：北京金台西路2号
邮政编码：100733
发行热线：（010）65369527　65369512　65369509　65369510
邮购热线：（010）65369530
编辑热线：（010）65369526
网　　　址：www.peopledailypress.com
经　　　销：新华书店
印　　　刷：天津中印联印务有限公司
法律顾问：北京科宇律师事务所 010-83622312
开　　　本：710mm × 1000mm　1/16
字　　　数：160千字
印　　　张：12
印　　　次：2023年4月第1版　2023年4月第1次印刷
书　　　号：ISBN 978-7-5115-7722-1
定　　　价：69.00元

编委会

编辑说明

2019年6月，中共中央办公厅、国务院办公厅印发《关于进一步弘扬科学家精神加强作风和学风建设的意见》，要求"加强宣传阵地建设。加强网络和新媒体宣传平台建设，创新宣传方式和手段，增强宣传效果、扩大传播范围"。

为贯彻落实《意见》精神，中国科协制定了《关于进一步弘扬科学家精神加强作风和学风建设的实施方案》，《方案》中特别提出"研究制定科学全面可考核可评价的宣传评价指标体系，定期发布科协系统宣传评价榜单"。2019年11月，中国科协网络平台宣传评价指标体系建设工作启动，并对全国学会、省级科协的网络宣传平台开展评价。

《中国科协网络平台传播效果评价研究》一书围绕网络平台传播效果评价展开深入研究，同时借鉴国内相关部门的评价实践经验，在广泛征求意见的基础上，构建了以客观指标为主、主客观评价相结合的综合评价指标体系。中国科协网络平台传播评价工作开展以来，致力于强化价值引领，以评价促宣传，持续深化对传播规律的把握，不断提升评价水平，取得了明显效果。

本书在编辑出版过程中，得到了相关专家的指导和有关单位的大力支持，谨此致谢。疏漏之处，敬请批评指正。

目录

第一章　中国科协网络平台传播效果评价概述

网络平台传播效果的监测与评价，是双向了解政策落实、民意反馈状况的有力抓手。随着经济社会环境发展，媒体格局、舆论生态、受众对象、传播技术发生快速变化，互联网已成为当前媒介传播和各机构宣传思想工作的前沿主阵地。用户以对网络平台内容的点赞、转发、评论等行为，与媒体机构、宣传部门完成信息交互，媒体机构和各宣传部门通过网络平台的传播效果评价，了解用户偏好，把握舆论发展规律和舆论引导方向，进而更好地贯彻党的新闻舆论工作"48字方针"①。

2019年6月，中共中央办公厅、国务院办公厅联合印发《关于进一步弘扬科学家精神加强作风和学风建设的意见》（以下简称《意见》），要求"加强宣传阵地建设。加强网络和新媒体宣传平台建设，创新宣传方式和手段，增强宣传效果、扩大传播范围"。为贯彻落实《意见》精神，中国科协出台《关于进一步弘扬科学家精神加强作风和学风建设的实施方案》，方案提出"研究制定科学全面可考核可评价的宣传评价指标体系，定期发布科协系统宣传评价榜单"。2019年11月，中国科协网络平台宣传评价指标体系建设工作启动，对全国学会、省级科协的网络宣传平台开展评价。

---

① 习近平总书记在党的新闻舆论工作座谈会上提出新闻舆论工作的"48 字方针"：高举旗帜、引领导向，围绕中心、服务大局，团结人民、鼓舞士气，成风化人、凝心聚力，澄清谬误、明辨是非，联接中外、沟通世界。

本章阐释中国科协网络平台传播效果评价研究的工作背景与实践意义，明确研究对象和研究范围，并通过相关理论研究，奠定评价工作基础。

第一节　研究背景与意义

中国科协是中国科学技术工作者的群众组织，是中国共产党领导下的人民团体，是党和政府联系科学技术工作者的桥梁和纽带，是国家推动科学技术事业发展、建设世界科技强国的重要力量。网络平台是中国科协开展科技界思想价值引领的重要阵地，开展中国科协网络平台传播效果评价，对巩固和拓展科技界宣传思想阵地，壮大科技界主流思想舆论，具有重要意义。

一、研究背景

（一）把握主基调，坚持贯彻党中央宣传工作方针政策

中国科协宣传思想工作是加强科技界政治引领和政治吸纳、服务广大科技工作者的重要手段。

2019年6月，中共中央制定颁布《中国共产党宣传工作条例》（以下简称《条例》），鲜明地提出党的宣传思想工作根本任务，体现了以习近平同志为核心的党中央对宣传工作的高度重视，标志着新时代宣传工作科学化、规范化、制度化建设迈上新台阶。

2020年全国宣传部长会议强调要全面加强宣传思想战线党的领导和党的建设，严格落实宣传思想意识形态工作责任制，抓好建强干部人才队伍[①]。2021年全国宣传部长会议强调，要旗帜鲜明讲政治，提高政治判断力、政治

---

① 人民网网站.全国宣传部长会议在京召开 [EB/OL].（2020-01-04）.http://politics.people.com.cn/GB/n1/2020/0104/c1024-31534447.html.

领悟力、政治执行力[①]。2022年全国宣传部长会议指出，宣传思想工作要用心用力做好新闻宣传、文艺宣传、社会宣传等工作，深化党史学习教育，要全面加强宣传思想战线党的领导和党的建设，抓好各级领导班子和干部人才队伍建设[②]。

（二）巩固主阵地，履行新时代中国科协使命任务

坚持以习近平新时代中国特色社会主义思想为指导，贯彻落实中央决策部署，履行新时代中国科协使命任务，网络平台是中国科协开展科技界思想价值引领的重要阵地。《中国科协2020年度宣传工作要点》要求，加强宣传工作管理和资源整合力度，严格落实宣传思想意识形态工作责任制，强化绩效考核，探索建立严谨科学可量化的评价指标体系。《中国科协2021年宣传思想工作要点》提出，建立大宣传工作格局，健全上下联动工作体制机制。《中国科协2022年宣传思想工作要点》提出，引导科协系统提高宣传思想价值引领工作水平，提高政治敏锐性，强化风险意识，完善风险防范化解处理机制，提高预警研判和应急处置能力。加强网络平台阵地建设，研究制定科协系统网络平台考评办法，设定可量化的考核指标，是指导和督促各单位切实履行网络平台意识形态主体责任和科学传播社会责任的重要手段。

（三）弘扬主旋律，进一步强化网络意识形态建设

互联网已成为宣传思想和舆论传播的主阵地和主战场。国务院办公厅2013年发布的《关于进一步加强政府信息公开回应社会关切提升政府公信力的意见》指出，各地区各部门应积极探索利用政务微博、微信等新媒体，及

---

① 人民网网站.全国宣传部长会议在京召开 [EB/OL].（2021-01-07）. http://politics. people.com.cn/n1/2021/0107/c1024-31991574.html.

② 国家网信办网站.全国宣传部长会议在京召开 王沪宁出席并讲话 [EB/OL].（2022-01-05）. http://www.cac.gov.cn/2022-01/05/c_1643005116279535.htm.

时发布权威政务信息[①]。中国科协系统网络平台经过多年建设发展，已形成涵盖官方网站、官方微信、微博、抖音等多种形态的网络平台传播格局，对联系、服务、组织、引导科技工作者，提升全民科学素质发挥着重要作用。

2020年中国科协印发《关于进一步加强宣传思想工作队伍建设的方案》《关于进一步加强网络宣传平台建设方案》的通知，要求全面推进科协系统网络宣传平台建设，打造在科技界具有广泛影响力和引导力的网络宣传平台，形成立体联动、上下呼应的网络媒体矩阵。规范科协系统网络平台管理，强化绩效考核，探索建立严谨科学可量化的评价指标体系，探索将科协系统信息上报、社会宣传情况进行量化评价，加强组织保障和宣传思想工作队伍建设。

二、研究意义

（一）搭建宣传贯彻中央指示精神和弘扬科学家精神的双向交流平台

中国科协网络宣传平台建设以习近平新时代中国特色社会主义思想为指导，力争牢牢占据舆论引导、思想引领、文化传承、服务人民的传播制高点。要求各单位要深入宣传习近平新时代中国特色社会主义思想，宣传党中央、国务院重大决策部署，大力弘扬科学家精神，同时及时了解、关注科技工作者思想动态，收集反馈意见和建议。中国科协网络平台传播效果评价工作一方面发挥评价指导作用，强化价值引领，巩固壮大主流思想舆论；另一方面发挥评价监督作用，引导督促各单位切实履行意识形态主体责任和科学传播社会责任，加强科协系统网络宣传阵地建设。

---

① 中国政府网网站.国务院办公厅关于进一步加强政府信息公开回应社会关切提升政府公信力的意见 [EB/OL].（2013-10-01）.http://www.gov.cn/gongbao/content/2013/content_2514989.htm.

（二）服务于举旗帜聚民心育新人兴文化展形象的网络宣传平台建设

引导全国学会、地方科协，因地制宜建成一批举旗帜、聚民心、育新人、兴文化、展形象的网络平台，是新形势下中国科协网络宣传平台建设的重要方向。中国科协系统如何结合自身特点，发挥资源优势，建好、用好、管好网络平台，提升和强化网络平台传播效果，实现平台联动和协同传播，是一项系统工程。中国科协开展网络平台宣传效果评价，旨在加强平台管理、优化配置、激发活力、形成合力，进一步建强科技界宣传思想文化阵地、巩固壮大主流思想舆论、维护党在科技界执政基础。

（三）引导立体联动、上下呼应的网络平台传播机制建设

中国科协在宣传工作要点中多次强调，要加强对全国学会和地方科协的宣传工作指导服务，强化工作导向，建立健全工作机制，引导科协系统联合开展宣传工作，建好科协系统新媒体矩阵，实现快速动员和响应；严格执行网络平台发布内容日常自查和专项检查机制。中国科协网络平台传播效果评价体系的建立，将通过评价工作引导各单位加强网络平台管理和机制建设，为中国科协建设立体联动、上下呼应的网络平台传播机制提供重要抓手。

第二节　理论和概念研究

信息技术革命带动网络平台快速发展，内容生产与传播不再拘泥于具体的物质媒介形态，而是通过网络平台建立身份（账号），善用多种媒介功能进行展示。处于信息接收端的用户，逐渐突破大众传播时代的单向媒介感知，在和其他参与者的交互、分享中拓宽信息内容传播范围。同时，网络平台提供转发、点赞、评论等量化传播路径工具，直观展示了内容传播效果。

本节基于上述背景，通过梳理网络平台传播效果评价的相关理论，结合传播力、引导力、影响力、公信力（以下简称"四力"）作为指导网络平台传播效果评价的实践标准，确立网络平台传播效果评价研究的立足点。同时对"网络平台"和"传播效果评价"进行内涵研究和概念界定，并对"四力"传播效果评价依据开展研究。本书的中国科协网络平台传播效果评价研究主要针对中国科协系统的全国学会、省级科协、直属单位开展，数据分析以全国学会和省级科协的评价数据为主。

一、网络平台的概念和内涵研究

（一）学术研究层面的网络平台相关研究

相关研究一般把"网络平台"和"互联网平台"视为相近概念。对"平台"的理解，张志安和冉桢在《互联网平台的运作机制及其对新闻业的影响》[①]一文指出，"平台"是一种可编程的数字体系结构，旨在组织个人、企业、公共机构等用户之间的交互。从商业和传播等多元化角度，网络平台可延伸理解为"网络传播平台"。放眼全球，以谷歌（Google）为代表的搜索互联网平台、以脸书（Facebook）为代表的社交互联网平台、以亚马逊（Amazon）为代表的消费互联网平台建立起各自领域的垄断优势。立足中国，本土互联网平台公司也成为公众"数字化生存"不可或缺的基础设施。以百度为代表的搜索平台，以淘宝、京东、拼多多为代表的电商平台，以微博、微信为代表的社交平台，以抖音、快手为代表的短视频平台均在不同行业占据领先优势。当下，微博、微信、今日头条等互联网平台媒体，已深度渗透到人们的日常生活。以抖音、快手为代表的短视频平台加速了专业媒体内容视觉化的进程，又为专业媒体提供了新的传播场景。互联网平台作为信息中介，充分利用互联网、云计算、大数据等信息通信技术，快速聚合信息、连接供需方，

---

① 张志安，冉桢.互联网平台的运作机制及其对新闻业的影响[J].新闻与写作，2020（03）.

是典型的多边市场①。在互联网（包括移动互联网）环境中，能起到连接各方主体，聚合、生产信息的网站、APP或其他产品，都可以看作平台。平台背后的主体可能是互联网企业，也可能是媒体单位、官方或半官方的机构等。网络传播平台则是指那些带有一定媒介属性、具有一定社会动员功能、偏向于信息传播功能与服务的平台②。

　　网络传播平台是新的社会结构和社会阶层形成的重要结点。伴随网络空间新权力的形成和权力的流动，网络通过赋权社会，使得传统社会的科层制、中心化的组织方式逐步呈现去中心化等特征。在这一演进过程中，互联网技术以开放式架构为基础，使得每个在线网民和组织都成为一个平等、开放的节点，通过各种网络传播平台和信息符号进行连接，形成新的结构和社会阶层③。从传播学的角度看，伴随人们的生活越来越多置身于互联网平台，"平台社会"逐渐成形。其背后的传播机制在于，平台社会从根本上改造了人与人的连接机制，界面搭建连接方式，算法决定和谁连接，平台社会成为一项重要的传播学议题④。

（二）国家相关部门的"网络平台"内涵和外延研究

　　国家相关部门对"网络平台"的内涵和外延也有较为多元的探索和界定。基于连接属性和主要功能，制定了互联网平台分类和分级官方指南。在国家市场监督管理总局2021年10月发布的《互联网平台分类分级指南（征求意见

① 康彦荣. 从互联网平台信息中介的属性出发探索治理新路径 [M] // 中国互联网协会. 互联网法律. 北京：电子工业出版社,2016:241.
② 罗昕,支庭荣,吴卫南. 中国网络社会治理研究报告（2017）[M]. 北京：社会科学文献出版社,2017:59.
③ 张晓. 数字化转型与数字治理 [M]. 北京：电子工业出版社,2021:61.
④ 董晨宇在"得到 APP"开设的课程《董晨宇的传播学课》第 22 讲"平台社会：数字技术如何影响人与人的关系".https://www.dedao.cn/course/article?id=0mPqglk6GzZwKr5 EwYXMLBEO3ba2AR.

稿）》和《互联网平台落实主体责任指南（征求意见稿）》中，对平台（即互联网平台）的分类，主要考虑平台的连接属性和主要功能两个维度。平台的连接属性是指通过网络技术把人和商品、服务、信息、娱乐、资金以及算力等连接起来，使得平台具有交易、社交、娱乐、资讯、融资、计算等各种功能。结合我国平台发展现状，依据平台的连接对象和主要功能，将平台分为以下六大类。

表1　平台分类

平台类别	连接属性	主要功能
网络销售类平台	连接人与商品	交易功能
生活服务类平台	连接人与服务	服务功能
社交娱乐类平台	连接人与人	社交娱乐功能
信息资讯类平台	连接人与信息	信息资讯功能
金融服务类平台	连接人与资金	融资功能
计算应用类平台	连接人与计算能力	网络计算功能

（资料来源：国家市场监督管理总局《互联网平台落实主体责任指南（征求意见稿）》）

中共中央办公厅、国务院办公厅2021年印发的《关于加强网络文明建设的意见》将网站、公众账号、客户端界定为网络平台，提出"要加强网络空间文化培育。""引导网站、公众账号、客户端等平台和广大网民创作生产积极健康、向上向善的网络文化产品，举办丰富多彩的网络文化活动"[1]。

国务院办公厅2018年12月27日发布的《国务院办公厅关于推进政务新媒体健康有序发展的意见》对"政务新媒体"以及主管主办单位作出明确界定。该《意见》指出，政务新媒体是指各级行政机关、承担行政职能的事业单位及其内设机构在微博、微信等第三方平台上开设的政务账号或应用，以及自行开发建设的移动客户端等。政务新媒体是移动互联网时代党和政府联系群众、服务

---

① 中办国办印发《关于加强网络文明建设的意见》[J].思想政治工作研究,2021（10）.

群众、凝聚群众的重要渠道，是加快转变政府职能、建设服务型政府的重要手段，是引导网上舆论、构建清朗网络空间的重要阵地，是探索社会治理新模式、提高社会治理能力的重要途径。对于政务新媒体的主管主办单位，《意见》指出，国务院办公厅是全国政务新媒体工作的主管单位，地方各级人民政府办公厅（室）是本地区政务新媒体工作的主管单位，国务院各部门办公厅（室）或指定的专门司局是本部门政务新媒体工作的主管单位，实行全系统垂直管理的国务院部门办公厅（室）或指定的专门司局是本系统政务新媒体工作的主管单位。主管单位负责推进、指导、协调、监督政务新媒体工作。行业主管部门要加强对本行业承担公共服务职能的企事业单位新媒体工作的指导和监督①。

国务院办公厅2022年4月22日印发的《2022年政务公开工作要点的通知》将政府网站与政务新媒体描述为"公开平台"。该《通知》在"加强公开平台建设"要点中强调，要严格落实网络宣传思想意识形态责任制，确保政府网站与政务新媒体安全平稳运行；深入推进政府网站集约化，强化政务新媒体矩阵建设，加强地方和部门协同，及时准确传递党和政府权威声音②。

综合以上理论和学术研究成果以及国家相关部门对"网络平台"和"网络传播平台"的界定，本书中的"网络平台"是指：带有媒介属性，借助平台的信息交互机制，具有信息传播功能与政务服务功能的网络平台。本书评价体系中所涉及的网络平台包括官方网站、官方微信、微博、今日头条、抖音、B站、快手、知乎、澎湃、百家号、客户端（APP）等中国科协系统各单位自建或入驻的平台。本书中的"网络宣传平台"也称为"网络传播平台"。

---

① 中国政府网网站.国务院办公厅关于推进政务新媒体健康有序发展的意见 [EB/OL].（2018-12-27）. http://www.gov.cn/zhengce/content/2018-12-27/content_5352666.htm.

② 中国政府网网站.国务院办公厅关于印发 2022 年政务公开工作要点的通知 [EB/OL].（2022-04-22）. http://www.tljq.gov.cn/zfxxgk/3911051/35357259.html.

二、网络传播效果理论研究

自20世纪70年代起，基于电视媒介的效果研究一直是传播学发展过程中的重要话题。大众传播的效果研究可大致分为五个阶段：一是将受众看作"孤立"个体，根据其认知、态度、行为、情感、健康等集中开展研究；二是将受众视为"劝服对象"，考察传播者的意图是否实现，逐步揭示个人差异；三是引入人际关系和社会结构因素，明确社会中的"他人"影响或制约大众传播效果；四是以"使用与满足"研究为开端，关注"受众能动性"在媒介使用各阶段的发挥以及中介作用；五是聚焦受众的"认知"，探讨受众认知如何构建"主观现实"的"图景"，以及受众信息获取的结构性"差距"[①]。

互联网技术的快速发展，突出了交互的重要意义。多数研究认可以"人"为中心的效果考察视角，以网络平台为传播载体进行研究。媒介环境学代表人物保罗·莱文森于1979年提出媒介进化的"人性化趋势"理论，强调人对媒介所具有的主体能动性。在媒介与人的关系中，人居于核心地位。相比传统媒体，以微信、微博为代表的新媒体，人性化趋势的特点更加明显，对用户需求的适应性更高。不论从媒介与人关系的角度，还是从"人性化趋势"角度，核心都在于"人"，即用户。邵培仁引入"媒介生态学"的概念，揭示人、媒介、社会、自然四者之间的相互关系及其发展变化与规律。他认为，以生态学的观点审视信息传播与运作，其任务就是"找到保持生态平衡、传播适度的内在与外在的控制因素——生态因子，测量出传者或媒介对诸种因素的耐度和适应度"[②]。用户的感知仍是当前效果评价研究的核心主题。

近年来，新媒体行业高速发展，传播学、心理学、社会学及计算机网络科学等不同学科体系，都分别梳理或提出传播效果衡量指标。传播学的相关

---

① 周葆华.大众传播效果研究的历史考察 [D]. 复旦大学,2005.
② 邵培仁.媒介生态学研究的基本原则 [J]. 新闻与写作,2008（01）.

研究主要分为两类，一类是通过信源、信宿等传播要素对媒介效果进行评估；另一类则是从影响力维度出发，尝试对媒介效果的广度、深度、效度等方面进行衡量。心理学的相关研究较为关注用户对信息的行为反应过程，从到达、注意、兴趣、态度、互动、分享等阶段对媒介效果做出诠释。社会学的相关研究则从社会网络中个体的位置以及个体之间的关系出发，对个体节点及传播路径的规模、联结、分布、区隔等方面进行度量。计算机网络科学的研究是从网站访客的行为出发，依靠监测所获取的数据，对网站流量、访问时间、网页链接等指标进行网站分析①。

网络平台效果研究针对的传播平台，主要集中于微博和微信。有关微博平台的传播效果评估，研究者采用的方法主要有两种：一种是用转发规模、评论数、传播速度和持续时间等客观指标量化某条微博的传播效果；另一种是从信息接收者的主观角度出发，利用访谈或问卷调查等形式了解受众接收微博信息后认知、态度和行为等方面发生的变化②。关于在微信平台的传播效果研究可大致分为三类：一是以微信公众号平台为研究单位进行传播效果指标评价测量；二是将微信公众号所发布的具体文章作为研究对象进行评价；三是研究构建传播效果的评价体系③。

冯锐和李闻在《社交媒体影响力评价指标体系的构建》④中，运用文献研究法、灰色统计法、层次分析法构建了一套社交媒体影响力评价指标体系。该评价指标体系由覆盖度、交互度、认知度、满意度、忠诚度5个一级指标和

① 王秀丽,赵雯雯,袁天添.社会化媒体效果测量与评估指标研究综述 [J].国际新闻界,2017（04）.
② 张博,李竹君.微博信息传播效果研究综述 [J].现代情报,2017（01）.
③ 匡文波,武晓立.基于微信公众号的健康传播效果评价指标体系研究 [J].国际新闻界,2019（01）.
④ 冯锐,李闻.社交媒体影响力评价指标体系的构建 [J].现代传播（中国传媒大学学报）,2017（3）.

15个二级指标组成，适用于微博、微信等国内社交媒体。

表2 冯锐和李闻构建的"社交媒体影响力评价体系"

	一级指标	二级指标
		用户数量
	覆盖度	信息数量
		影响范围
		评论数
	交互度	转发数
		点赞数
社交媒体影响力评价体系		认知渠道
	认知度	品质认知
		功能认知
		技术满意
	满意度	内容满意
		服务满意
		用户黏度
	忠诚度	推荐比率
		使用意向

三、传播效果评价的范围和依据

（一）传播效果评价的基础框架

传播效果是指传者发出的讯息，通过一定媒介渠道到达受众后，对受者及社会所产生影响的总和。这些影响可以是有意或是无意的、直接或间接的、显性或潜在的；依受者的表现可分为认知、态度、行为三个层面[①]。在传播效果评价实践中，比较有代表性的两大框架，一是投入产出框架，即基于投入的传播要素和资源的多少来评价实际产出是否达到传播预期；二是能力效力

---

① 夏征农,陈至立.大辞海:文化新闻出版卷[M].上海:上海辞书出版社,2015:262.

框架，即从主观传播能力评价和客观传播效力评价两个维度，探索如何强化主观传播能力促进客观传播效力提升。能力的结果最终通过效力来体现，能力是主体层面的传播能量或条件，效力是关系层面的传播作用力或影响力。中国科协网络平台传播效果评价，以传播力和引导力考核各单位在网络平台的传播能力，以影响力和公信力考核各单位在网络平台的传播效力。本书的传播效果评价主要基于能力效力框架构建评价体系。

（二）以"四力"开展传播效果评价的理论依据

传播力、引导力、影响力、公信力为党的新闻舆论工作指明了方向，是新型主流媒体新闻舆论能力提升的重要评测指标。衡量新型主流媒体的建设能力与效力，通常以"四力"作为重要衡量标准。中国科协网络平台传播效果评价采用"四力"为理论依据构建评价指标体系。通过科学、客观的评价体系，了解中国科协网络平台传播效果现状，以进一步引导、推动各单位网络平台传播能力建设，是本书传播效果评价研究的重点。

2016年2月19日，在党的新闻舆论工作座谈会上，习近平总书记提出："切实提高党的新闻舆论传播力、引导力、影响力、公信力。"之后，在党的十九大报告、中央政治局集体学习中，习近平总书记又多次强调我国新闻舆论工作提升"四力"的重要性，加快推动媒体融合发展、构建全媒体传播格局。

国内学界对"四力"的内涵和关系也开展了相关研究。陈力丹在《提高新闻舆论传播力、引导力、影响力、公信力》一文中提出，在党的十九大报告中，习近平总书记对新闻舆论工作提出的"高度重视传播手段建设和创新"，是"传播力"的内涵，也是党的十九大报告根据新情况对新闻舆论工作提出的新任务。"引导力"即凝聚共识的能力，树立以人民为中心的工作导向，把服务群众同教育引导群众结合起来，把满足需求同提高素养结合起来。"影响力"是指媒体的知名度和渗透到各个方面、领域的能力，可在遵循新闻规律的前提下，通过借助新媒体传播优势，完善运用体制机制来加强。"公信力"即民众对媒体的信任，以民众的认可为前提，逐渐转化为对媒体的信任[①]。沈正赋认为，传播力、引导力、影响力、公信力是检验衡量舆论生产与传播动力，以及作用和效果的几个核心指标和重要参数，它们不仅关系到主流新闻媒体自身的生存和发展，而且关系到党的新闻舆论工作承载的神圣职责[②]。

从组织传播的视角来看，张子凡、余兆忠、求力提出，新闻舆论传播力的内涵主要指搜集、整合、利用各种传播渠道和手段，定义有关新闻、传递组织信息、塑造组织形象的实力与能力。其中，组织传播力的构成要素主要包括其专业素养、传播内容的编码能力、传播手段的驾驭能力和传播渠道的建构能力等。组织的新闻舆论引导力是指对新闻舆论生成、扩散、走向进行调控引导，使舆论向着组织希望的方向发展的能力。传播过程层面包括环境研判能力、意见整合能力、方向把握能力；传播要素层面包括传播者对事实的甄别能力、对传播内容的议程设置能力以及风险应对能力等。组织的新闻舆论影响力是指通过新闻舆论影响公众认知、政府关系、媒体关系和组织形象的能力及影响程度。从能力层面来看，包括影响公众认知的能力、影响媒体关系的能力、影响政府关系的能力、影响组织形象的能力；从效果层面来看，包括对公众和各利益攸关方的影响深度、影响强度和影响广度。而组织的公信力是指新闻舆论获得公众认可、信任的能力和程度。能力层面主要表现为信源的权威性、内容的真实性、视角的客观性；效果层面主要表现为公众、利益攸关方对传播主体的信任度、对传播内容的采信度和对传播渠道的

---

① 陈力丹.提高新闻舆论传播力、引导力、影响力、公信力——学习十九大报告关于新闻舆论工作的论述 [J].新闻爱好者,2018（03）.

② 沈正赋.论新闻舆论"四力"发展的动力建构 [J].现代传播（中国传媒大学学报）,2022,44（01）.

忠诚度[①]。

（三）传播效果评价的实践依据

中国科协网络平台传播效果评价，重在提升各单位网络平台传播能力和效力。中国互联网络信息中心发布的第51次《中国互联网络发展状况统计报告》显示，截至2022年12月，我国网民规模已达10.67亿，互联网普及率达75.6%，网络视频（含短视频）用户规模达10.31亿，其中短视频用户规模10.12亿[②]。中国科协网络平台传播效果评价，充分运用云计算、大数据等新技术新应用，分析受众需求，切实提升传播力和引导力。促进提升中国科协各单位网络平台的传播能力和传播效力，以顺应媒体多元化的发展趋势，将责任意识、导向要求和能力提升落实到网络平台的各个主体。

发挥中国科协网络平台传播效果评价的"以评促建"功能，加强对各单位的网络平台宣传指导和监督。通过中国科协网络平台传播效果评价，引导各单位发现问题，总结经验，主动参与到"以评促建"的评价中。持续以评价强化工作导向，定期发布榜单、进行综合研判、开展阶段性表彰；开展调研沟通和交流，加强对各单位的网络平台宣传指导。

综合对传播效果评价的基础框架和实践依据研究，本书的"传播效果评价"是指对传播主体的传播能力表现和对受众所产生效力表现的考察和评价。中国科协网络平台传播效果评价基于中国科协网络平台宣传工作实际，以能力效力框架构建评价体系。

---

① 张子凡,余兆忠,求力.组织传播视角下新闻舆论的传播力引导力影响力公信力辨析[J].河南工业大学学报（社会科学版）,2020,36（04）.
② 中国互联网络信息中心.第51次《中国互联网络发展状况统计报告》[DB/OL].（2023−03−02）.https://cnnic.cn/n4/2023/0302/c199−10755.html.

第二章 国内网络平台传播效果评价现状研究

本章选取国内部分政府部门、人民团体、主流媒体的网络平台传播评价实践案例，分析网络平台传播效果评价指标体系和实践情况，总结经验，为构建中国科协网络平台传播效果评价体系提供参考。以国务院新闻办公室（以下简称国新办）、中央政法委员会（以下简称中央政法委）、公安部、生态环境部作为政府部门研究样本；共青团中央、全国妇联作为人民团体研究样本；人民网研究院和南京大学新闻传播学院开展的针对主流媒体的媒体融合指数研究，作为主流媒体研究样本。通过对上述研究样本的比较分析，探索中国科协网络平台传播效果评价体系的构建思路。

第一节 政府网站和政务新媒体评价

为进一步推动全国政府网站和政府系统政务新媒体健康有序发展，国务院办公厅2019年4月发布《政府网站与政务新媒体检查指标》（以下简称《检查指标》）和《政府网站与政务新媒体监管工作年度考核指标》（以下简称《考核指标》）①。对各地区、各部委的政府网站及政务新媒体日常管理和常态

①　中国政府网网站.国务院办公厅秘书局关于印发政府网站与政务新媒体检查指标、监管工作年度考核指标的通知[EB/OL].（2019-04-18）.http://www.gov.cn/zhengce/content/2019-04/18/content_5384134.htm.

化监管工作规范提出了新要求，为各地区、各部委对新媒体网络平台宣传工作定期自查和整改提供了明确工作依据。

《检查指标》《考核指标》基于深入贯彻落实党中央、国务院关于深化政务公开、加强数字政府建设决策部署的背景展开，分别对政府网站、政务新媒体，以及监督主体进行有针对性的检查和考核。指标具有不同的导向性，政府网站指标注重从"合格达标"向"规范优质"的引导，政务新媒体指标侧重开展对不合格问题的检查。指标体系的整体结构分为单项否决指标、扣分指标和加分指标。单项否决指标明确哪些是政府网站和政务新媒体的"红线"，旨在强化互联网时代政府网络宣传的价值引领意识和能力；扣分指标围绕政府网站的基本功能和实际作用进行考核，旨在引导政府网站聚焦内容建设和服务建设；加分指标侧重鼓励政府网站创新发展。

一、政府网站与政务新媒体检查指标概况

《检查指标》分为三部分，第一部分为单项否决指标，适用于所有政府网站、政府系统的政务新媒体；第二部分为扣分指标，分值为100分；第三部分为加分指标，分值为30分。扣分指标和加分指标仅适用于政府网站，而不对政务新媒体进行考核，与该指标体系对政府网站和政务新媒体的不同导向性相呼应。

指标体系对政府网站和政务新媒体均设置了单项否决指标，但考察内容各有侧重。对于政府网站，出现安全、泄密事故等严重问题，以及站点长期无法访问、首页不更新、互动回应差、服务不实用等问题，将被"一票否决"，判定为不合格网站，不再对其他指标进行评分。政务新媒体侧重对不合格问题的检查，对一些政务新媒体出现的"僵尸""睡眠""不更新无服务""雷人雷语"等问题设置底线指标；出现泄密事故、内容不更新、互动回应差、强制要求群众点赞等问题，将被"单项否决"。如网站不存在单项否

决，则进入扣分指标评分，具体包括发布解读、办事服务、互动交流、功能设计一级指标。如评分结果低于60分，判定为不合格网站；高于80分，则进入加分指标评分环节，最后得分为扣分指标和加分指标得分之和。采用扣分方式评分的，单项指标扣分之和不超过本项指标总分值。

表3 政府网站与政务新媒体检查指标

单项否决		
检查对象	**指 标**	**评分细则**
政府网站	安全、泄密事故等严重问题	1.出现严重表述错误。 2.泄露国家秘密。 3.发布或链接反动、暴力、色情等内容。 4.对安全攻击（如页面被挂马、内容被篡改等）没有及时有效处置造成严重安全事故。 5.存在弄虚作假行为（如伪造发稿日期等）。 6.因网站建设管理工作不当引发严重负面舆情。 上述情况出现任意一种，即单项否决。
	站点无法访问	监测1周，每天间隔性访问20次以上，超过（含）15秒网站仍打不开的次数累计占比超过（含）5%，即单项否决。
	首页不更新	监测2周，首页无信息更新的，即单项否决。 如首页仅为网站栏目导航入口，所有二级页面无信息更新的，即单项否决。 （注：稿件发布页未注明发布时间的视为不更新，下同。）
	栏目不更新	1.监测时间点前2周内的动态、要闻类栏目，以及监测时间点前6个月内的通知公告、政策文件类一级栏目，累计超过（含）5个未更新。 2.应更新但长期未更新的栏目数量超过（含）10个。 3.空白栏目数量超过（含）5个。 上述情况出现任意一种，即单项否决。
	互动回应差	1.未提供网上有效咨询建言渠道（网上信访、纪检举报等专门渠道除外）。 2.监测时间点前1年内，对网民留言应及时答复处理的政务咨询类栏目（在线访谈、调查征集、网上信访、纪检举报类栏目除外）存在超过3个月未回应有效留言的现象。 上述情况出现任意一种，即单项否决。

续表

检查对象	指　标	评分细则
政府网站	服务不实用	1.未提供办事服务。 2.办事指南重点要素类别（包括事项名称、设定依据、申请条件、办理材料、办理地点、办理机构、收费标准、办理时间、联系电话、办理流程）缺失4类及以上的事项数量超过（含）5个。 3.事项总数不足5个的，每个事项办事指南重点要素类别（包括事项名称、设定依据、申请条件、办理材料、办理地点、办理机构、收费标准、办理时间、联系电话、办理流程）均缺失4类及以上。 上述情况出现任意一种，即单项否决。 （注：对没有对外服务职能的部门，不检查其网站该项指标。）
政务新媒体	安全、泄密事故等严重问题	1.出现严重表述错误。 2.泄露国家秘密。 3.发布或链接反动、暴力、色情等内容。 4.因发布内容不当引发严重负面舆情。 上述情况出现任意一种，即单项否决。
	内容不更新	1.监测时间点前2周内无更新。 2.移动客户端（APP）无法下载或使用，发生"僵尸""睡眠"情况。
	互动回应差	1.未提供有效互动功能。 2.存在购买"粉丝"、强制要求群众点赞等弄虚作假行为。 上述情况出现任意一种，即单项否决。

扣分指标（100分）			
一级指标	二级指标	评分细则	分值
发布解读（31分）	概况信息	1.未开设概况信息类栏目的，扣2分。 2.概况信息更新不及时或不准确的，每发现一处，扣1分。 （注：对国务院部门门户网站不检查该项指标。）	2
	机构职能	1.未开设机构职能类栏目的，扣2分。 2.机构职能信息不准确的，每发现一处，扣1分。 （注：国务院部门门户网站未开设机构职能类栏目扣4分，信息不准确的，每发现一处扣1分，最多扣4分。）	2
	领导信息	1.未开设领导信息类栏目的，扣2分。 2.领导姓名、简历等信息缺失或不准确的，每发现一处，扣1分。	2

续表

一级指标	二级指标	评分细则	分值
	动态要闻	1.未开设动态要闻类栏目的，扣5分。 2.监测时间点前2周内未更新的，扣5分。	5
	政策文件	1.未开设政策文件类栏目的，扣5分。 2.监测时间点前6个月内政策文件类一级栏目未更新的，扣5分。	5
	政策解读	1.未开设政策解读类栏目的，扣5分。 2.监测时间点前6个月内政策解读类一级栏目未更新的，扣5分。	5
	解读比例	随机抽查网站已发布的3个以本地区本部门或本地区本部门办公厅（室）名义印发的涉及面广、社会关注度高的政策文件，被解读的文件数量每少一个，扣1分。 （注：不足3个的则检查全部文件。）	3
	解读关联	随机抽查网站已发布的3个解读稿：未与被解读的政策文件相关联的，每发现一处，扣0.5分；该政策文件未与被抽查解读稿相关联的，每发现一处，扣0.5分。 （注：不足3个的则检查全部解读稿。）	3
	其他栏目	1.其他栏目存在空白的，每发现一个，扣2分。 2.其他栏目存在应更新未更新的，每发现一个，扣1分。 （注：因空白、应更新未更新等原因已按其他指标扣分的，本指标项下不重复扣分。）	4
办事服务 （25分）	事项公开	未对办事服务事项集中分类展示的，扣3分。	3
	在线申请	1.未提供在线注册功能或提供注册功能但用户（含异地用户）无法注册的，扣5分。 2.注册用户无法在线办事的，扣5分。	5
	办事统计	1.未公开办事统计数据的，扣2分。 2.监测时间点前1个月内未更新的，扣1分；3个月内未更新的，扣2分。	2

续表

一级指标	二级指标	评分细则	分值
	办事指南	随机抽查5个办事服务事项： 1.事项无办事指南的，每发现一个，扣4分； 2.提供办事指南，但重点要素类别（包括事项名称、设定依据、申请条件、办理材料、办理地点、办理机构、收费标准、办理时间、联系电话、办理流程）缺失的，每发现一处，扣0.5分； 3.办理材料格式要求不明确的（如未说明原件/复印件、纸质版/电子版、份数等），每发现一个存在该问题的事项，扣1分； 4.存在表述含糊不清的情形（如"根据有关法律法规规定应提交的其他材料"等表述），每发现一个存在该问题的事项，扣2分； 5.办事指南中提到的政策文件仅有名称、未说明具体内容的，每发现一个存在该问题的事项，扣0.5分。 （注：不足5个的则检查全部事项。）	8
	内容准确	随机抽查5个办事指南，信息（如咨询电话、投诉电话等）存在错误，或与实际办事要求不一致的，每发现一处，扣1分。（注：不足5个的则检查全部指南。）	5
	表格样表	随机抽查2个办事指南，要求办事人提供申请表、申请书等表单但未提供规范表格获取渠道的，每发现一个存在该问题的办事指南，扣1分。	2
	信息提交	存在网民（含异地用户）无法使用网站互动交流功能提交信息问题的，扣7分。	7
	统一登录	网站各个具有互动交流功能的栏目（网上信访、纪检举报等专门渠道除外）提供的注册登录功能，未实现统一注册登录的，扣3分。	3
互动交流 （23分）	留言公开	1.咨询建言类栏目（网上信访、纪检举报等专门渠道除外）对所有网民留言都未公开的，扣6分。 2.随机抽查5条已公开的网民留言，未公开留言时间、答复时间、答复单位、答复内容的，每发现一处，扣1分。 3.监测时间点前2个月内未更新的，扣3分。 4.未公开留言受理反馈情况统计数据的，扣3分。 （注：不足5条的则检查全部留言。）	6
	办理答复	模拟用户进行2次简单常见问题咨询： 1.未在5个工作日内收到网上答复意见的，每发现一次，扣4分。 2.答复内容质量不高，有推诿、敷衍等现象的，每发现一次，扣4分。	7

续表

一级指标	二级指标	评分细则	分值
功能设计（21分）	域名名称	1.域名不符合规范的，扣1分。 2.网站未以本地区本部门名称命名的，扣1分。 3.网站名称未在全站页面头部区域显著展示的，扣1分。	3
	网站标识	未在全站页面底部功能区清晰列明党政机关网站标识、网站标识码、ICP备案编号、公安机关备案标识、网站主办单位、联系方式的，每缺一项，扣0.5分。	3
	可用性	1.首页上的链接（包括图片、附件、外部链接等）打不开或错误的，每发现一处，扣0.2分；如首页仅为网站栏目导航入口，则检查所有二级页面上的链接。 2.其他页面上的链接（包括图片、附件、外部链接等）打不开或错误的，每发现一处，扣0.1分。	1
	"我为政府网站找错"	1.未在首页底部功能区规范添加"我为政府网站找错"入口的，扣1分。 2.未在其他页面底部功能区规范添加"我为政府网站找错"入口的，每发现一处，扣0.2分。	1
		1.监测时间点前6个月内，存在网民留言超过3个工作日未答复的，每发现一条，扣1分。 2.监测时间点前6个月内，存在答复内容质量不高，有推诿、敷衍等现象的，每发现一条，扣1分。	3
	站内搜索	1.未提供全站站内搜索功能或功能不可用的，扣4分。 2.随机选取4条网站已发布的信息或服务的标题进行测试，在搜索结果第一页无法找到该内容的，每条扣1分。 3.未对搜索结果进行分类展现的（如按照政策文件、办事指南等进行分类），扣1分。	4
	一号登录	注册用户在各个功能板块（网上信访、纪检举报等专门渠道除外）无法一号登录的，扣2分。	2
	页面标签	1.随机抽查5个内容页面，无站点标签或内容标签，每个扣0.1分。 2.随机抽查5个栏目页面，无站点标签或栏目标签，每个扣0.1分。	1
	兼容性	使用主流浏览器访问网站，不能正常显示页面内容的，每类扣1分。	2
	IPv6改造	未按照要求完成IPv6改造的，扣1分。	1

加分指标（30分）			
一级指标	二级指标	评分细则	分值
信息发布 （7分）	数据发布	1.开设数据发布类栏目并在监测时间点前3个月内有更新的，得2分；监测时间点前3—6个月内有更新的，得1分。 2.监测时间点前6个月内，通过图表图解等可视化方式展现和解读数据的，得1分。 3.定期更新数据集，并提供下载功能或可用数据接口的，得1分。	4
	解读回应	随机抽查3个不同文件的解读稿，通过新闻发布会、图表图解、音视频或动漫等形式解读的，每个得1分。	3
办事服务 （6分）	服务功能	1.提供服务评价功能的，得1分。 2.公布服务评价结果的，得1分。	2
	服务内容	针对重点服务事项，整合相关资源，细化办理对象、条件、流程等，提供专题或集成服务。提供3项及以上的，得2分；提供1至2项的，得1分。	2
	服务关联	随机抽查2个办事服务事项，涉及的政策文件依据均准确关联至本网站政策文件库的，得2分。	2
互动交流 （8分）	实时互动	模拟用户进行1次简单常见问题咨询：咨询后一个工作日内答复且内容准确的，得3分；提供实时智能答问功能且内容准确的，得2分。	5
	调查征集	1.提供在线调查征集渠道（不含电子邮件形式），且监测时间点前1年内开展活动超过（含）6次的，得2分。 2.监测时间点前1年内开展的调查征集活动结束后1个月内均公开反馈结果的，得1分。	3
功能设计 （6分）	智能搜索	1.提供关键词模糊搜索功能的，得1分。 2.根据搜索关键词聚合相关信息和服务功能，实现"搜索即服务"的，得1分。 3.随机选取该地区、该部门下级网站上的2条信息或服务的标题：通过该地区、该部门政府门户网站搜索进行测试，能够在搜索结果第一页找到该内容的，每条得1分。	4
	用户空间	注册用户可在用户主页下浏览其在本网站咨询问题、办事服务等历史信息的，得2分。	2
创新发展 （3分）	——	通过政府网站服务中心工作、方便社会公众的做法突出，并获得本地区、本部门主要领导同志肯定的，加3分。	3

（资料来源和转引时间：中国政府网，2022年12月）

二、政府网站与政务新媒体监管工作年度考核指标概况

《考核指标》主要针对政府网站和政务新媒体的监管主体，也就是各地区、各部门的办公厅进行考核。重点考核各部门对于政府网站和政务新媒体的监管工作贯彻执行情况，如是否每季度进行常态化监测和检查，是否定期公布网站工作年度报表和监管年度报表，是否按要求进行通报后整改等。该指标也分为单项否决指标、扣分指标和加分指标三个部分，扣分指标分值为100分，加分指标分值为20分。考核对象为各省（区、市）人民政府办公厅及国务院有关部门办公厅（室）。具体评分方式与前述政府网站和政务新媒体的逻辑相同。

表4　政府网站与政务新媒体监管工作年度考核指标

类型	指标	评分细则	分值
单项否决	——	1.在国办开展的抽查中本地区、本部门多个政府网站或政务新媒体因出现严重表述错误被判定为不合格。 2.在国办开展的抽查中因其他原因本地区、本部门政府网站被判定为不合格超过（含）10个，或政务新媒体被判定为不合格超过（含）20个。 3.未按季度组织开展本地区、本部门政府网站抽查工作。 4.在政府网站、政务新媒体管理工作中存在弄虚作假行为。 上述情况出现任意一种，即单项否决。	——
扣分指标（100分）	通报整改	通报公开之日起2周内对问题仍未整改，或整改不到位的，扣10分。	10
	抽查检查	1.本地区、本部门按季度组织开展的网站抽查未公开结果的，扣15分。 2.本地区、本部门按季度组织开展的网站抽查比例未达到30%的，每次扣5分。	15
	考核评价	未将政府网站、政务新媒体工作纳入政府年度绩效考核的，扣10分。（注：对国务院部门不检查该项指标，其评分方式为：扣分指标以90分为满分，结果乘以10/9为得分。）	10
	全面监管	政府网站未纳入监管范围的，每发现一个，扣1分。	5

续表

类型	指标	评分细则	分值
	网民监督	随机抽查本地区、本部门5个政府网站，未全站规范添加"我为政府网站找错"入口的，每发现一个，扣1分。	5
		对上一年度网民通过"我为政府网站找错"平台提交的留言，未办结的，每发现一条，扣3分；超过一个月办结的，每发现一条，扣2分。	10
	集约整合	网站已报关停却未关停，或关停后内容未迁移至上级网站的，每发现一个，扣5分。	20
	年度报表	1.本地区、本部门政府网站监管年度报表未在省部级政府门户网站首页发布的，扣5分。 2.网站监管年度报表晚于1月31日发布的，扣2分。	5
		随机抽查该地区、该部门5个政府网站： 1.网站工作年度报表未在本网站首页发布的，每发现一个，扣2分； 2.网站工作年度报表晚于1月31日发布的，每发现一个，扣1分； 3.网站工作年度报表已在本网站首页发布但未在省部级政府门户网站发布的，每发现一个，扣1分。 （注：不足5个的则检查全部网站。）	10
	网站域名	随机抽查该地区、该部门5个政府网站，域名不符合规范的，每发现一个，扣2分。（注：不足5个的则检查全部网站。）	10
加分指标（20分）	——	1.省级政府办公厅或实行垂直管理的国务院部门办公厅（室）每季度抽查政府网站比例均达100%的，加4分；抽查比例低于100%，但每季度均达到70%的，加2分。 2.在国办开展的抽查中，上一年度合格率均达100%的地区，加5分。 3.上一年度"我为政府网站找错"网民留言按期办结率达100%的，加4分。 4.本地区、本部门政府网站均迁移至集约化平台，实现资源优化融合、数据互认共享、管理统筹规范的，加5分。 5.县级政府门户网站的公开、办事、互动等功能与县级融媒体平台对接，提供内容、延伸发布取得较好效果的，加2分。 （注：各地区、各部门可自行报送加分指标相关内容，国办将对上报内容进行复核。）	20

（资料来源和转引时间：中国政府网，2022年12月）

中国科协网络平台传播效果评价研究

三、评价体系构建启示

指标设计逻辑兼顾"底线"思维和创新鼓励。从单项否决指标、扣分指标、加分指标三个层面，分别引导各部门明确哪些"红线"不能踩，守住行为和效果底线；在职能和功能范围内，哪些工作必须做且做到何种程度属于合格和优秀；可以在哪些方面开展探索和创新，哪些工作内容会被加分并得以鼓励。"既要把好底线，又要敢于创新"的设计逻辑，对中国科协网络平台传播效果评价指标体系的导向设计和"底线"判断方面，具有参考价值。

指标评分以阶梯打分法与指标设计逻辑相呼应。该指标体系采用阶梯打分法，将"单项否决指标"前置，如政府网站、政务新媒体、监管主体出现单项否决指标中的任意一种情形，即被"单项否决"，不再对其他指标进行评分。即一旦"踩线"，就失去评分资格，同时接受通报整改。如不存在单项否决问题，则进入扣分指标评分环节。该环节又分为60分合格和80分优秀的标准，高于80分才可以进入加分指标评分环节。设计中国科协网络平台传播效果评价指标体系时，也可将"单项否决指标"前置，作为评价考核的第一道安全考核屏障。在评分细则设计中可灵活参考应用扣分指标和加分指标的评分方法。

指标设计原则注重公平合理性。指标体系对不同类型网络平台的考察重点不同，注重公平性，并基于阶段性工作思路和特点，兼顾合理性。对政务新媒体各平台的传播工作，先侧重对不合格问题的检查，重点解决底线问题，再推动下一步优化发展。所以，对政务新媒体的考察，只设定单项否决指标，不设定扣分指标和加分指标。同时，分门别类对不同职能监管主体的考核对象设立考核指标，对没有对外服务职能的部门，不检查门户网站涉及办事服务的指标。在构建中国科协网络平台传播效果评价体系过程中，以上方法对如何平衡政务类内容与科普类内容的权重设置、如何兼顾全国学会与省级科协对相同指标的适应性，以及如何平衡夯实主阵地与拓展新平台"两手抓"等问题，具有参考价值。

第二节 国内网络平台传播效果评价研究与启示

本节通过数据监测、文献回顾，对国内相关部门的网络平台传播效果评价现状开展研究，为构建中国科协网络平台传播效果评价体系提供经验参考。

一、政府部门网络平台传播效果评价研究

对国新办新闻发布工作考评体系、中央政法委新闻宣传工作评价考核体系、公安部新媒体绩效评价体系，以及生态环境部政务新媒体评价体系开展调查研究，总结梳理评价实践经验。

（一）国新办新闻发布工作评价

为贯彻落实中央有关要求，扎实有效推进新闻发布工作，国新办针对各地区各部门的新闻发布工作进行评价考核，2017年5月首次向社会公开发布《2016年度新闻发布工作评估考核情况》[①]。

1.评价指标和实施概况

国新办新闻发布工作评价考核，主要是新闻主管单位针对新闻发布工作的考核评估。通过梳理公开发布的《2016年度新闻发布工作评估考核情况》相关资料发现，该评价主要针对77个中央部门和单位、31个省区市和新疆生产建设兵团开展。评价考核指标分为"自评"和"他评"两大维度。"自评"设置了新闻发布制度建设与完善、新闻发言人队伍建设与能力提升、新闻发

---

① 国务院新闻办公室网站.2016年度新闻发布工作评估考核情况（全文）[EB/OL].（2017−05−24）.http://www.scio.gov.cn/wz/Document/1553179/1553179.htm.

布实践与活动3类一级指标，12类二级指标，50类三级指标（其中，地区为49类三级指标）；"他评"设置了新闻发布活动、负责同志回应关切、新媒体及网络发布、突发事件新闻发布和重要舆情响应、搜索指数5类一级指标，25类二级指标（地区为24类二级指标）。权重和分值设置方面，根据主管部门对不同工作的重视程度，确定每项指标的分值。"自评"分值设置为"100+10"，其中的"10分"用于评价突发事件应对情况，属于加分项，加分分值根据下设的5个二级指标评定。此外，该评价体系也设置了"一票否决"指标。

在具体实施方面，评价考核工作分为部门和地区自评、专家初评、专家组会评、国新办最终审定四个阶段。全国31个省区市和新疆生产建设兵团以及各部门结合自身工作填写"自评表"，并将相应材料反馈至考核组。"他评"的量化考核主要通过媒体报道数量、新媒体评论转发量等，得出不同制度在不同案例中的社会反响。据全程参与评价工作的专家介绍①，设置"自评"和"他评"两个维度，目的在于"以评促建"，促进推动新闻发布制度建设。其中"自评"侧重各部门、各地区通过借鉴各单位的经验和想法，对自身开展查漏补缺；同时强化认识，对新闻发布工作中上级主管部门，甚至国家以及全社会更关注的内容给予重点关照，发挥指标的导向性作用。此外，指标设置充分考虑新媒体发展环境，"自评"和"他评"均设置了新媒体考核指标，包括微博、微信公众号等新媒体账号的开通情况、活动发布情况、发布频率、转发评论数、正负面比例情况等。

该评价考核工作随着新闻发布工作变化作出相应优化和调整。2018年底印发的《国务院办公厅关于推动政务新媒体健康有序发展的意见》提出"推进政务公开，强化解读回应""加强政民互动，创新社会治理""突出民生事

---

① 人民网网站.新闻发布工作优秀单位如何评出？专家现场"潜伏"[EB/OL].（2017-05-27）. http://media.people.com.cn/n1/2017/0527/c40606-29303352.html.

项，优化掌上服务"等要求。该《意见》还要求各部门、各地区顺应媒介融合趋势，让"新闻"和"发布"齐头并进，不断创新形式、与时俱进，实现高质量发展。通过对比2020年[①]与2018年[②]国新办评估结果为"优秀"的单位特点发现，2020年增加了关于"积极探索使用新媒体、创新新闻发布工作、提高权威信息传播效果"的描述，表明评价增加了对传播效果考核的关注。

表5　国新办新闻发布工作评价体系一级指标框架概览

维度	一级指标	分值	备注
自评	新闻发布制度建设与完善	100	包括12类二级指标，50类三级指标，（其中，地区为49类三级指标）
	新闻发言人队伍建设与能力提升		
	新闻发布实践与活动		
	应对突发事件	10	加分项，下设5个二级指标。考核组享有"一票否决"权。
他评	新闻发布活动	100	25类二级指标（其中，地区为24类二级指标）
	负责同志回应关切		
	新媒体及网络发布		
	突发事件新闻发布和重要舆情响应		
	搜索指数		

（资料来源和整理时间：据国新办互联网公开资料整理，2022年12月）

2.评价工作启示

评价考核工作要逐步推进、不断完善。国新办2015年首次开展评估，考核以内部通报形式进行，2017年首次对外公开发布考核结果。随着评价推进，评价对象中的中央和国家部门数量由2016年的77个调整为2020年的65个。基于国家新闻发布制度和工作内容调整，评价对象、评价体系、公开发布节奏等也作出相应调整。

---

① 国务院新闻办公室网站.2020 年度全国新闻发布工作评估情况公布 [EB/OL].（2021-04-27）.http://www.scio.gov.cn/tt/zdgz/Document/1703043/1703043.htm.

② 国务院新闻办公室网站.2018 年度全国新闻发布工作评估情况公布 [EB/OL].（2019-07-22）.http://www.scio.gov.cn/37236/37377/Document/1659918/1659918.htm.

评价考核工作要兼顾科学性与务实性，根据内外部环境变化而优化。该评价体系的构建紧密围绕实际工作开展。在2016年评价结果发布之时，国新办相关负责人表示，"该评价体系每一层级指标都围绕中央对新闻发布要求、新闻发布工作具体特点以及新闻发布社会效果等进行细化设计，设定详细量化考核标准"。每次评价工作开展和评价结果发布，让社会公众看到我国新闻发布工作所取得的成绩，同时通过评价引导，各部门、各地区对优秀新闻发布工作可以有更直观的感知，为进一步推动自身新闻发布工作和制度建设提供参考。

参考该评价体系，中国科协网络平台传播效果评价体系的构建与实施，围绕中国科协宣传工作要求开展，兼顾科学性和务实性，对评价体系和评价工作进行动态优化，充分发挥评价工作的"以评促建"功能。

（二）中央政法委新闻宣传工作评价

全国各级政法机关遵循中央政法委的部署要求，近年来大力加强政法新媒体建设，打造了一批在全国具有广泛影响力的政法新媒体账号。2019年，中央政法委制定《政法网络新媒体创新发展意见》。随着对新媒体宣传重视度不断提升，政法系统对网站和新媒体的评价工作进行了积极尝试。新媒体评价方面，2018—2022年，中央政法委连续开展四届"四个一百"优秀政法新媒体榜单评选活动，并进行公开发布。网站评价方面，自2016年4月起，按月开展"中国长安网群月度工作排名"。

1."四个一百"优秀政法新媒体榜单概况

政法系统新媒体评选的覆盖范围[①]，以微信、微博、今日头条、抖音、知

---

① 中国长安网网站. 一年一度全国政法系统最高规格新媒体评选启动！[EB/OL].（2021-09-09）.http://www.chinapeace.gov.cn/chinapeace/c100007/2021-09/09/content_12534587.shtml.

乎、B站、快手、百家号、企鹅号、一点资讯等各大网络平台为主，评选对象为各大平台取得官方认证的政法机关新媒体账号、政法干警自媒体账号、政法媒体新媒体账号、政法院校新媒体账号；考评依据主要为参评账号在各平台的粉丝数、传播力和影响力。

2022年政法系统的活跃新媒体账号数量逾14万个[①]，其中微博账号数量约占全国政务微博总量的四分之一。基于打造"全网存在、全域覆盖"的全国党政新媒体"第一方阵"目标，中央政法委已举行四届"四个一百"优秀政法新媒体评选活动。第一届的政法新媒体评价，主要以网络投票方式进行，评选出100个优秀政法微信公众号、100个微博账号、100个头条账号、100个短视频账号。第二届、第三届、第四届采用网络投票、数据分析、专家评审的方式进行，上榜账号的类别做了局部调整，将100个头条账号、100个短视频账号调整为100个资讯类账号、100个视频类账号。以第四届榜单评选为例，新媒体榜单分为微信公众号榜单、微博账号榜单、视频类账号榜单、资讯类账号榜单，上榜单位各100个。

表6　第四届"四个一百"优秀政法新媒体榜单平台及上榜单位数量

榜单名称		上榜单位数量
微信公众号榜单		前100名
微博账号榜单		前100名
视频类账号榜单	抖音号	前50名
	快手号	前45名
	B站号	前5名

---

① 中国长安网百家号.中央政法委第四届"四个一百"优秀政法新媒体评选榜单正式揭晓！[EB/OL].（2022-12-12）. https://baijiahao.baidu.com/s?id=1750194675490979739&wfr=spider&for=pc.

续表

榜单名称		上榜单位数量
资讯类账号榜单	头条号	前55名
	一点号	前20名
	百家号	前10名
	企鹅号	前10名
	知乎号	前5名

2.中国长安网群月度工作排名概况

在网站方面，对官方网站的月度工作情况进行评价和排名。该项排名以信息报送量、采用量为主要考核指标。中国长安网自2016年4月开始发布排名，截至2022年3月的榜单显示，该排名的表现形式有调整。2016年4月的第一期榜单发布，呈现各省（自治区、直辖市）的报送量、采用量、采用率三个指标，从高到低进行排名。2016年9月发布的工作排名，规定报送数量下限，未达到下限的单位，即使采用率高，也没有资格参与排名，进一步确保排名的公平性。2017年3月—2022年3月发布的工作排名，去掉了报送量、采用量、采用率三个指标的详细数据，统一以总分值代替。

3.评价工作启示

要基于自身宣传工作开展情况，划定新媒体网络平台的评价范围和分类标准。政法系统的优秀政法新媒体榜单，对微信和微博平台的重视度较高，将微信公众号和微博账号单独进行评价，各取前100名。将视频类账号和资讯类账号各归为一类，各类各取前100名。视频类账号包括抖音号、快手号、B站号3个榜单，资讯类账号分为头条号、一点号、百家号、企鹅号、知乎号5个榜单，每个榜单所取排名的数量各有不同。该评价体系根据新媒体平台的账号入驻情况和宣传工作开展情况，确定各新媒体平台在评价工作中的权重占比，以及对视频类平台和资讯类平台的具体划分标准，对中国科协网络平台传播效果评价工作的平台范围和权重确定具有一定的启发。

不同网络平台采用不同评价办法，激发网络平台宣传和舆论引导活力。中国政法系统单位众多，官方网站以月度工作排名推动网络内容生产能力建设，新媒体平台以年度评选激励政法好声音的传播。以"互联网+政法服务"的形式，构建PC端和微博、微信等新媒体端齐发力的政法网络舆论宣传格局。同时，将"四个一百"优秀政法新媒体榜单发布活动打造成政法宣传战线"金字招牌"的做法，对中国科协网络平台传播效果评价体系的影响力提升具有借鉴意义。

（三）公安部新媒体绩效评价

随着全国公安新媒体蓬勃发展，为有效传递党中央声音和公安部党委决策部署、助力各项公安工作、服务广大人民群众、树立公安队伍良好形象，进一步推动全国公安新媒体持续健康发展，鼓励先进、树立导向，公安部自2019年1月起，开始开展全国公安新媒体绩效评估，并于2020年4月首次公开发布《2019年度全国公安新媒体绩效评估排行榜》。

1.评价指标和实施概况

排行榜分微博、微信、今日头条三个新媒体平台，按照省（部、局）、地（市、州、盟）县（市、区、旗）、基层单位三个层级，对各平台排名前20的公安政务新媒体账号予以通报表扬[①]。公安新媒体绩效评估指标体系的构建，基于对公安新媒体账号的活跃度、传播度、互动度、服务性等指标进行综合考核评估。截至2020年4月，各级公安机关开设的公安政务新媒体和民警个人新媒体超5万个，覆盖微博、微信、今日头条、抖音、快手等各类新媒体平台，粉丝总量过亿，是规模最大、影响力最广的政务新媒体集群之一。

公安部组织开展全国新媒体绩效评估工作，2020年7月发布《2020年上半

---

① 公安部 APP 网页版.公安部发布二〇一九年度全国公安新媒体绩效评估排行榜 [EB/OL].（2020-04-16）.https://app.mps.gov.cn/gdnps/pc/content.jsp?id=7457472.

年全国公安新媒体绩效评估排行榜》，此次绩效评估首次将移民管理系统、铁路、民航、海关缉私、长江航运等行业公安机关新媒体全面纳入评估范围。2021年7月公开发布2020全年的全国新媒体绩效评估结果——《2020年度全国公安新媒体绩效评估排行榜》[①]。2019—2020年连续两年的绩效评价工作，对各地公安机关进一步检视工作、查找差距、弥补不足，不断改进和加强公安新媒体建设管理工作起到了积极的促进作用，达到了激励鞭策、规范管理、树立导向的良好效果。

在省级公安系统方面，广东省公安厅组织开展了对全省公安政务新媒体的绩效评估考核，2021年1月发布广东省《2020年全省公安新媒体矩阵排行榜》[②]。该项评估与中国公安部的评估在网络平台选择和指标体系上略有差异。广东省公安新媒体矩阵排行榜分微博、微信、短视频、资讯新媒体平台，按照省市、区县、交警、服务号四类新媒体账号进行分层，主要考核活跃度、传播力、互动性等指标。广东省公安厅还组织开展针对全省公安政务新媒体的绩效评估考核，在微博排行榜、微信排行榜基础上，对抖音、快手、今日头条等进行评价，发布《2020广东公安新媒体短矩阵视频排行榜》与《2020广东公安新媒体短矩阵资讯排行榜》。

2.评价工作启示

从纵向层级和横向职能两个维度实现对系统内各单位全方位覆盖。全国公安系统单位众多，如将全部单位纳入评价，账号数量和数据体量巨大。公安部的新媒体绩效评价选取了微博、微信、今日头条三个新媒体平台，但评

---

① 公安部百家号.公安部发布2020年度全国公安新媒体绩效评估排行榜[EB/OL].（2021-07-06）.https://baijiahao.baidu.com/s?id=1704535659415651693&wfr=spider&for=pc.

② 南方都市报APP网页版.广东公安重磅发布全省公安新媒体矩阵榜单！南都参与采集评估[EB/OL].（2021-01-07）.http://m.mp.oeeee.com/a/BAAFRD0000020210107410979.html.

价对象将纵向的省（部、局）、地（市、州、盟）县（市、区、旗）和基层单位，横向的移民管理系统、铁路、民航、海关缉私、长江航运等行业公安机关新媒体全面纳入评估范围。在每个新媒体平台分别发布三个不同层级的榜单，基本实现针对特定新媒体平台的系统内单位全覆盖。这为中国科协网络平台传播效果评价工作分阶段纳入不同层级评价对象提供了参考经验。

加大对系统内单位的新媒体建设指导力度，鼓励和引导地方单位开展新媒体绩效评价工作。公安部新媒体绩效考核评估目标明确，注重加强对公安新媒体建设管理的指导力度，推动全国公安新媒体舆论导向和价值引领健康发展。同时引导并支持部分地方公安机关探索建立公安融媒体中心，集中优势力量和资源扶持一批有现实影响力、有发展潜力的公安新媒体重点账号。通过绩效评估对系统内各单位新媒体建设有序发展、质效提升的激励和引导，这对构建中国科协网络平台传播效果评价体系具有一定参考价值。

（四）生态环境系统政务新媒体评价

生态环境部自2020年1月起正式开展生态环境系统政务微博、微信账号及矩阵评价指数计分和榜单发布工作，按周、月开展评价，评价对象覆盖省级、副省级和地市级生态环境部门。

1.评价指标和实施情况

生态环境系统微信榜单[1]和政务微博榜单[2]，以更新度（权重20）、原创度（权重30）、联动度（权重30）、传播度（权重20）为核心评价指标，微信矩阵和微博矩阵榜单主要以成员平均分、成员活跃度两大指标综合计算得出总分并排名。在榜单发布工作方面，采取了分层处理的方式。微信榜单和微博榜

---

[1]　生态环境部微信.排行榜 | 生态环境系统政务微信榜单（2020 年 1 月 13—19 日）[EB/OL].（2020-01-21）. https://mp.weixin.qq.com/s/-umpsOV0ttPnjgA9OgcgmA.

[2]　生态环境部微信.排行榜 | 生态环境系统政务微博榜单（2020 年 1 月 13—19 日）[EB/OL].（2020-01-21）.https://mp.weixin.qq.com/s/TIng32UXYk6tf0-oY9RIFw.

单，针对省级部门，兼顾省级部门排名和省级部门的矩阵排名；针对副省级、地市级生态环境部门，评出前20名和后20名两个榜单，增加"以评促建"效果。同时考虑到每期榜单的排名和变化情况，分别设置了省级部门、省级部门矩阵进步前10名的榜单，以及副省级、地市级部门进步前20名的榜单。

省级生态环境部门微信榜单（2020.1.13—2020.1.19）					
排名	微信名称	更新度	原创度	联动度	传播度	总分
1	江苏生态环境	20.00	30.00	15.00	29.58	94.58
2	江西环境	20.00	30.00	15.00	25.56	90.56
3	陕西生态环境	20.00	30.00	15.00	22.84	87.84
4	浙江生态环境	20.00	30.00	10.00	27.19	87.19
5	天津生态环境	20.00	30.00	10.00	26.62	86.62
6	安徽生态环境	20.00	30.00	10.00	25.02	85.02
7	广东生态环境	20.00	30.00	10.00	24.96	84.96
8	重庆生态环境	20.00	30.00	10.00	24.67	84.67
9	山西省生态环境厅	20.00	30.00	10.00	24.47	84.47
10	山东环境	20.00	30.00	10.00	24.21	84.21

省级生态环境部门微信矩阵榜单（2020.1.13—2020.1.19）			
排名	矩阵名称	平均值	活跃度	总分
1	河北	79.07	95.60	85.68
2	福建	78.34	94.05	84.62
3	江苏	78.20	91.43	83.49
4	浙江	75.38	91.21	81.71
5	陕西	76.92	88.10	81.39
6	上海	74.01	92.06	81.23
7	四川	74.60	90.68	81.03
8	宁夏	72.40	93.88	80.99
9	江西	71.96	93.41	80.54
10	河南	70.69	92.14	79.27

图1 省级生态环境部门微信榜单、微信矩阵榜单的部分截图（截图时间：2022年12月）

省级生态环境部门微博榜单（2020.1.13—2020.1.19）					
排名	微博昵称	更新度	原创度	联动度	传播度	总分
1	重庆生态环境	20.00	30.00	25.00	16.27	91.27
2	上海环境	20.00	30.00	20.00	18.40	88.40
3	江西生态环境	20.00	30.00	25.00	12.45	87.45
4	天津生态环境	20.00	30.00	25.00	10.51	85.51
5	四川生态环境	20.00	30.00	18.33	16.27	84.60
6	福建生态环境	20.00	30.00	25.00	9.19	84.19
7	北京生态环境	20.00	30.00	21.67	11.65	83.32
8	云南省生态环境厅	20.00	30.00	25.00	6.70	81.70
9	陕西生态环境	20.00	30.00	16.67	14.40	81.07
10	山东环境	20.00	30.00	10.00	20.00	80.00

省级生态环境部门微博矩阵榜单（2020.1.13—2020.1.19）			
排名	省份	成员平均值	成员活跃度	总分
1	山东	81.04	97.48	87.62
2	河北	81.13	95.24	86.78
3	福建	70.24	98.57	81.57
4	江苏	74.00	90.82	80.73
5	重庆	73.81	90.00	80.29
6	四川	71.52	92.86	80.06
7	上海	70.74	93.28	79.75
8	北京	67.20	94.96	78.30
9	江西	67.96	92.86	77.92
10	湖北	64.52	90.82	75.04

图2 省级生态环境部门微博榜单、微博矩阵榜单的部分截图（截图时间：2022年12月）

2020年8月对当年上半年生态环境系统的政务微博、微信账号运行情况进行总结，并对整体运行效果较好、发布优质内容较多、提升幅度较大、整体运行情况较好的部分微博和微信账号以及省级矩阵进行公开表扬①。

部分省级和地市级生态环境部门对该项评价体系进行拓展，对本省或本市的生态环境政务新媒体宣传工作开展评价。云南省生态环境系统沿用生态

---

① 生态环境部网站.关于对生态环境系统部分表现好的政务微博微信账号予以表扬的函 [EB/OL].（2020-08-03）.https://www.mee.gov.cn/xxgk2018/xxgk/xxgk06/202008/t20200807_793106.html.

环境部的评价体系，以年为周期，2022年1月发布2021年度政务新媒体微信榜单和微博榜单，对云南省生态环境系统的16家单位进行省级排名[1]。河南省生态环境厅从2022年4月起，通过河南环境微信，每月发布各省辖市、济源示范区"两微三号"月度榜单，年终发布年度榜单。河南省生态环境厅在参考生态环境部评价体系的基础上，增加了抖音、快手和头条榜单；同时，针对不同平台对指标体系和权重做出相应调整。以2022年3月榜单为例，微信榜单、抖音榜单采用传播度、显政度、联动度、原创度、更新度指标，微博榜单、头条榜单、快手榜单采用传播度、显政度、联动度、更新度指标[2]。

2.评价工作启示

榜单排名"奖惩"结合，地方单位有序开展评价探索。生态环境系统的政务微信和微博评价榜单发布的分层处理，以及有"奖"有"惩"的排名发布形式，在"奖惩"结合原则和激励促进地方各单位联动开展评价实践方面，对中国科协网络平台传播效果评价效果的提升具有一定参考借鉴意义。

二、人民团体网络平台传播效果评价

本节选取共青团中央新媒体综合影响力评价排行榜和全国妇联新媒体指数评价开展调查研究。

（一）共青团中央新媒体综合影响力评价排行榜

共青团中央利用微信、微博、头条、抖音、快手、B站等多种渠道进行宣传，2016、2017年陆续开展微博等相关评价，2018年每周、每月定期开展新媒体影响力评价工作，评价的网络平台以微信和微博为主。2021年评价体系

———————

[1] 云南省生态环境厅微信.排行榜|云南生态环境系统2021年度政务新媒体榜单来了[EB/OL].（2022-01-27）.https://mp.weixin.qq.com/s/U_p7iqUrsgIcTmGvKy8xcg.

[2] 河南环境微信.河南省生态环境系统新媒体矩阵榜单（2022年3月）[EB/OL].（2022-04-16）.https://mp.weixin.qq.com/s/3-CsuNdsHwTBfyO_Qe0tuA.

中增加抖音和快手平台①，2022年增加B站（哔哩哔哩）平台②，总体评价聚焦于团中央及省级团委、全国地市级团委在各个网络平台的综合影响力排行榜、热门内容排行榜。榜单主要按周和年度发布。

1.评价指标和实施概况

2021年共青团中央设置微博、微信、抖音、快手四个榜单。以2021年8月1—7日的评价结果为例，各平台排行榜的评价对象、榜单名称和评价指标整理如下。

表7 共青团中央新媒体综合影响力评价排行榜概况

评价对象	评价平台及榜单名称	展示内容（评价指标等）
省级团委 全国地市级团组织 全国基层团组织 团属媒体	微信公众号综合影响力排行榜	微信指数（WCI）：发文、阅读、头条、平均、在看、点赞
	微信公众号热文榜TOP50	标题、阅读、在看、点赞
团中央及省级团委	微博综合影响力排行榜单	微博指数（BCI）：微博数、转发数、评论数、原创数、点赞数
	微博热文排行榜单TOP10	文章、转发数、评论数、点赞数
团中央及省级团委 全国地市级团组织	抖音综合影响力排行榜单	抖音指数：数量、评论数、点赞数、分享量
	抖音热门内容排行榜单TOP10	标题、点赞数、评论数、分享量
团中央及省级团委 全国地市级团组织	快手综合影响力排行榜单	快手指数：视频数、评论数、点赞数、播放数
	快手热门内容排行榜单TOP10	标题、评论数、点赞数、播放量

（资料来源和整理时间：据共青团中央公开发布的2021年8月1日-8月7日的榜单资料整理，2022年12月）

---

① 共青团中央百家号.放榜啦！全国团组织新媒体综合影响力指标来了 [EB/OL].（2021-08-10）.https://baijiahao.baidu.com/s?id=1707687754234879972&wfr=spider&for=pc.

② 共青团中央微信号.成绩单来了！2022 年度全国省级团组织新媒体综合影响力榜单 [EB/OL].（2023-01-16）.https://mp.weixin.qq.com/s/k8-MmMNHA8wQQQlG_RAq5g.

从以上榜单指标整理结果看出，共青团中央的新媒体评价体系针对各个网络平台的数据特点和指标设置做了相应微调；同时根据各级团组织在各个平台的账号数量和发展情况，每个平台的评价对象的分层结构略有差异。

上海共青团自2016年起[①]，即按周发布微信公众号影响力排行榜，分为地区类、学校类、综合类、一周热文四类榜单。前三个榜单主要以发文总数、单篇最高、阅读总量、点赞总量、好看总量五个指标，综合计算全景数据评估指数（Pandata Index，PDI）；热文榜单主要考察阅读量、点赞量、是否原创三个指标。PDI指数是青春上海携手上海交通大学大数据与传播创新实验室（T–Lab）打造的全景数据评估指数，具体计算方法如下：

$$PDI = \left\{ K_a \times \left[k_1 \cdot \frac{\ln(R+1)}{\ln(C \cdot n + 1)} + k_2 \cdot \frac{\ln(R_{max}+1)}{\ln(C+1)} \cdot \frac{1}{2} + (1-k_1-k_2) \cdot \frac{\ln(Q+1)}{\ln(n+1)} \cdot 4 \right] + (1-K_a) \right.$$
$$\left. \times \left[\lambda_1 \cdot \frac{\ln(L+1)}{\ln(R+1)} + (1-\lambda_1) \cdot \frac{L_{max} - L_{min}}{\max(L_{max}, 1)} \right] \right\} \times 1000$$

图3　PDI全景数据评估指数计算方法

2.评价工作启示

网络平台传播效果榜单与传播内容榜单同时发布，兼顾平台建设与内容建设。共青团中央的新媒体综合影响力评价，是在针对评价对象进行分层处理的基础上，同时发布每个平台的传播效果榜单和每个平台的热文榜单，在评价各单位在各个平台综合影响力的同时，树立优质内容案例标杆，这种从网络平台的综合建设能力和内容生产能力两个方面产生引导和激励作用的做法，对构建中国科协网络平台传播效果评价体系具有一定启发价值。

（二）全国妇联新媒体传播指数评价

全国妇联是较早开展新媒体指数评价的人民团体，评价的网络平台以微信和微博为主。微信公众号主要参考和应用微信传播指数开展评价，微博榜

---

① 青春上海微信.青年大学习：不负时代,不负韶华,不负党和人民的殷切期望!（附公众号影响力排行榜）[EB/OL].（2021-08-10）.https://mp.weixin.qq.com/s/ jLWsulygUfGIA9W8YAScqg.

单采用微博指数开展评价。

1.微信公众号传播指数概况

为推进妇联系统新媒体建设能力，打造"线上线下"融合传播和服务妇女的新平台，2016年1月，由全国妇联宣传部指导的中国妇女报新兴媒体指数类产品首度发布，推出"省级妇联微信公众号传播指数"[①]，2016年5月推出"全国地市级妇联微信公众号传播指数"。每周发布的榜单分为"全国省级妇联微信公众号传播指数排行榜"和"全国地市级妇联微信公众号传播指数排行榜50强"，传播力指数（WCI）包括发布（次数/篇数）、阅读、头条、平均、点赞。

表8　全国地市级妇联微信公众号传播指数排行榜指标名称和解释

指标名称	指标解释
发布（次数/篇数）	该公众号周期内发布次数和发布文章的篇数。若展示为5/10，则表示该公众号共发布了5次（部分账号可发布多次文章），累计10篇文章
阅读	该公众号周期内发布的所有文章阅读数总和
头条	该公众号周期内发布的头条文章阅读数总和
平均	该公众号周期内所有文章阅读数的平均值
点赞	该公众号周期内发布的头条文章点赞数总和

（资料来源和整理时间：据全国地市级妇联微信公众号传播指数排行榜50强（0724-0730）榜单资料整理，2022年12月）

值得关注的是，全国妇联系统内的部分省级单位，采用与全国妇联传播指数评价相似的指标体系。如陕西、江苏、湖南、青海、西藏等妇联纷纷推出市州、县区、乡镇微信公众号传播指数排行榜并公开发布。

---

① 全国妇联网站.中国妇女报新兴媒体指数首度发布[EB/OL].（2016-01-06）.https://www.women.org.cn/art/2016/1/6/art_19_35809.html.

2.微博传播指数排行榜概况

公开资料显示，全国妇联系统微博指数排行榜由中国妇女报和新浪微博、人民网舆情数据中心联合发布，评价体系主要基于政务微博指数评价体系，排行榜综合考察传播力、互动力、服务力、认同度四个维度。该排行榜的考察指标和评价细节，具有实操参考价值。该排行榜从传播力、互动力、服务力和认同度四个维度[①]进行综合考察。

表9　全国省级妇联微博指数排行榜指标体系框架

一级指标	二级指标	二级指标计算说明（以日榜数据为例）
传播力	微博阅读数	政务微博最近7天所发微博在当日阅读数增量的总和
	微博视频指数	统计政务微博在当日所发的原创视频数，以及最近7天所发原创视频在当日播放增量的总和，计算得到视频指数
互动力	微博被转发	政务微博最近7天所发全部微博在当日发生的被转发数，排除垃圾用户，同一个账号对同一个用户进行多次转发，一天只计一次
	微博被评论	政务微博最近7天所发全部微博在当日发生的被评论数，排除垃圾用户，同一个账号对同一个用户进行多次评论，一天只计一次
	微博被@	政务微博在当日发生的被@次数，排除垃圾用户，同一个账号对同一个用户进行多次@，一天只计一次
	收私信数	政务微博在当日收到的私信数，排除垃圾用户，同一个账号收到同一个用户的多条私信，一天只计三次

---

① 中国妇女报微信.指数君｜全国省级妇联微博传播指数排行榜（0311—0317）｜中国妇女报出品 [EB/OL].（2019-03-21）.https://mp.weixin.qq.com/s/vVZomySaHFJ9bJ6kALAwxg.

续表

一级指标	二级指标	二级指标计算说明（以日榜数据为例）
服务力	微博主动评论	政务微博在当日对普通用户的评论数，满足最低字符要求，同一个账号对同一个用户进行多次评论，一天只计一次
	微博主动转发	政务微博在当日对普通用户微博进行转发，同一个账号对同一个用户进行多次转发，一天只计一次
	发私信数	政务微博在当日发给用户的私信数，排除垃圾用户，同一个账号对同一个用户发出多条私信，一天只计三次
	微博发博指数	统计政务微博在当日所发微博数与原创微博数，计算得到发博指数
	微博专业指数	统计政务微博在当日所发微博中与其工作相关的内容，计算得到专业指数
认同度	微博被赞	由微博被赞数与微博阅读数综合计算得出，政务微博最近7天所发全部微博在当日发生的被赞数，排除垃圾用户，同一个账号对同一个用户进行多次赞，一天只计三次
备注		1.并非发博越多，指数越高，高频刷屏将导致指数值下降 2.月榜及周榜数据会将各数据项换算成日均数据再进行计算 3.中央和国家直属机构的政务微博不参与地区间排行的统计，省直属机构的政务微博不参与城市排行的统计 4.开放@政务风云榜私信接受举报，不合理的刷分行为将会受到处罚

（资料来源和整理时间：据中国妇女报微信公开发布资料整理，2022年12月）

3.评价工作启示

全国妇联微博榜单在测算体系中对刷屏刷分行为进行指数值控制，注重指标体系的导向性建设。微博评价体系中，微博转发、评论、提及、点赞、私信等相关指标，均在算法上对恶意刷屏和刷分行为进行限制。微博发文数量也并非越多越好，高频刷屏将导致指数值下降。同时以"微博发博指数"指标鼓励增加原创微博在总体博文之中的占比，以"微博专业指数"指标鼓励和确保各单位发布内容与本职工作的相关性。此外还开通"@政务风云榜"私信接受社会监督和举报，对不合理刷分行为进行处罚。通过以上几项举措，在较大程度上确保了评价的公平性，这对构建中国科协网络平台传播效果评价体系具有参考价值。

三、主流媒体融合传播效果评价[①]

党的十八大以来，党中央高度重视传统媒体和新兴媒体的融合发展，促进推动媒体融合向纵深发展，为媒体融合发展绘就路线图，引领新闻舆论工作创新发展。众多社会机构和媒体机构开展了一系列针对主流媒体在传统端和新媒体端融合效果的考察和评价工作。本节选取人民网研究院的媒体融合传播指数和南京大学新闻学院的中国媒体融合传播效果指数的评价开展分析研究。

（一）媒体融合传播指数

为科学评估主流媒体的融合传播能力，综合反映我国媒体融合传播的总体水平和特征，人民网研究院自2016年起研究设计媒体融合传播指数指标体系，考察我国主流媒体（包括报纸、广播、电视）在传统端、PC端、移动端的综合传播力，不断对指标体系进行完善和优化。每年推出中国媒体融合传播指数报告，受到相关主管部门、省市宣传部门、网信部门及媒体的高度关注，是媒体融合传播力考察的积极探索。以下选取人民网研究院2020年4月发布的《2019中国媒体融合传播指数报告》[②]相关信息进行梳理分析。

1.评价指标和实施情况

对报纸、广播、电视台三大类媒体在网站、微博、微信、抖音、聚合新闻客户端、聚合音/视频客户端、自建客户端几大平台开展媒体融合传播特点分析。基于媒体融合传播指数的指标体系，以295家报纸、300个广播频率和34家电视台作为评价对象，在采集报纸发行量、广播频率收听率、电视台收视率等数据基础上，分别考察这些媒体官方网站的传播情况，抓取上述媒体

---

① 该部分的研究主体为主流媒体，对其媒体融合传播效果的评价，由人民网研究院、南京大学新闻传播学院等第三方实施开展。

② 人民网网站.人民网总编辑罗华发布《2019 中国媒体融合传播指数报告》[EB/OL].（2020-04-30）.http://media.people.com.cn/n1/2020/0430/c14677-31693788.html.

主办的966个微博账号、903个微信公众号、484个抖音账号，与之相关联的5家聚合新闻客户端、4家视频客户端、4家音频客户端以及各媒体自有客户端的相关数据，对各大媒体的融合传播发展状况开展分析评估。并根据指标体系测算2019年报纸、广播频率、电视台的融合传播指数，得出"报纸融合传播百强榜""广播频率融合传播百强榜""电视台融合传播30强"3份榜单。

根据人民网研究院公开发布的指数分析结果，对每个平台的核心指标进行整理和总结。以报纸端为例，该指数对报纸网站的评价，主要以网站开办情况、日均发文量、全网转载量为核心分析指标，报纸微博分析以账号开通情况、粉丝量、日均发文量、平均转发量、平均评论量、平均点赞量为核心指标，微信公众号以开通情况、日均发文量、单条微信平均阅读量、综合发文数、阅读量、在看数等为核心评价指标，抖音账号以开通情况、日均发布量、单条视频平均分享量、综合粉丝量、发布视频量、播放量、分享量、评论数、点赞数等指标开展评价。对报纸客户端的考察，该评价将客户端分为聚合新闻客户端和自建客户端两类。聚合新闻客户端主要考察搜狐新闻、腾讯新闻、一点资讯、网易新闻、今日头条5个新闻聚合平台，重点考察订阅量、单篇阅读量等指标；自建客户端以其在12个安卓商店的累计下载量为核心指标。广播媒体和电视媒体的评价指标与报纸的大部分评价指标相同或类似，只是广播增加了对聚合音频客户端的考察，电视增加了对爱奇艺、优酷、腾讯视频和搜狐视频4家视频聚合客户端的传播情况考察。

该指标体系对不同媒体端设置了不同权重。2021年人民网研究院根据用户在传统媒体端、PC互联网端及移动互联网端的媒介接触习惯变化，对报纸、广播、电视的融合传播指数一级指标进行优化。在确定一级指标权重后，以德尔菲法确定二级指标权重。总体上报纸、广播、电视在移动互联网端的指标权重均为最高，但在传统端的比重差异较大，三种传统媒介形态对用户的媒介选择仍然产生重要影响。而在PC互联网、移动互联网端，三类媒体走向融合趋同，对用户的媒介选择影响较小。此外，报纸、广播自有平台与第三方平台的权重各占一半，电视的自有平台与第三方平台的权重比例接近2:1，其自有平台（含传统电视、网站及自有客户端）仍是电视类媒体的主要传播渠道。

2.评价工作启示

人民网研究院开展的媒体融合传播指数研究，既从宏观视角综合反映了我国媒体融合传播的总体水平和行业特点，又从传播主体和传播平台的维度分别考察了报纸、广播、电视三类主流媒体在传统端、PC端、移动端三大传播阵地的传播力和影响力表现。在媒体融合发展背景下，其评价实施目标、评价对象的选取、评价网络平台的范围确定，以及针对不同主体、不同平台的指标体系构建思路，对包括中国科协在内的其他各类传播主体的网络平台传播效果评价，都具有重要的行业借鉴意义。重视外部环境变化，不断优化指标和权重设置，动态保持指标体系科学性。人民网研究院每年对媒体融合传播指数指标体系的调整，可以更有针对性地反映用户信息接收方式的转变，更科学地评估主流媒体顺应用户行为转变的工作成效提升，同时反映在传播渠道拓展、融合产品打造、全媒体传播体系构建、主流价值影响力等方面的表现。该评价体系中对指标和权重的调整，以及对主流媒体融合发展的评价分析研究，在一定程度上也反映了媒体环境和舆论环境在一定时间周期内的变化程度和变化特点。

（二）中国媒体融合传播效果指数（MCI）评价

中国媒体融合传播效果指数（MCI）由南京大学新闻传播学院中国传媒数据中心与江苏省社会舆情分析与决策支持研究中心联合发布[①]。

---

① 南京大学新闻传播学院网站.南大传媒数据中心发布"MCI指数"衡量媒体"融合传播效果"[EB/OL].（2018-01-18）.https://jc.nju.edu.cn/99/d2/c8625a235986/page.htm.

1.评价指标和实施情况

"MCI指数"即中国媒体融合传播效果指数。2018年1月13日，中国媒体融合传播效果指数监测平台正式上线。该体系运用大数据建立传统媒体融合传播效果评价理论模型，以传播力、引导力、影响力和信任度为基础建立新型融合传播效果评价指标体系，基于19项指标构成综合性评价体系。

评价对象方面，该体系对全国829个样本，包括完整覆盖央视和省级卫视，以及部分其他卫视的68家电视媒体；完整覆盖党政机关报、行业报、省级都市报，以及部分市级都市报的552家报纸媒体；以及207家广播类媒体和2家通讯社。监测数据来源于各单位的微博活跃账户、微信订阅号和主流新闻门户网站。

指标体系构建方面，以传播力、引导力、影响力、信任度为一级指标。传播力反映媒体在网络平台进行有效传播的能力，包括信源影响、用户卷入、传播深度等二级指标，依据新闻被转载量、受众覆盖量、新闻传播深度来计算。引导力反映媒体对重大新闻舆论的性质、发展趋势和方向进行引导的能力，包括重大新闻内容比重、重大新闻互动比重等二级指标，依据重大新闻报道数量、重大新闻报道互动量来计算。影响力反映媒体对目标受众在思想和行动上所起到的直接或间接辐射的能力，包括微博、微信及其他新媒体平台的影响力二级指标，依据官方微博影响力、官方微信影响力、官方客户端（或头条号）影响力来计算。信任度反映媒体传播被社会公众所信赖的情况，包括微博、微信点赞指数等二级指标，依据微博被赞数、微信被赞数来计算。"MCI指数"的得出，通过传播力、引导力、影响力和信任度综合量化评价媒体融合传播效果，计算方法为：

MCI=传播力×W1+引导力×W2+影响力×W3+信任度×W4

榜单结构方面，设置了综合榜单、报纸媒体榜单、电视媒体榜单、广播媒体榜单，基于每个媒体的MCI指数进行排名。

2.评价工作启示

从传播力、引导力、影响力、信任度四个维度综合量化评价媒体融合传播效果，是将"四力"作为评价依据的有益尝试。该评价体系通过传播力指标考察媒体的有效传播能力，通过引导力指标考察媒体对重大新闻舆论的引导能力，通过影响力指标考察媒体对受众的辐射能力，通过信任度指标考察媒体的公众信赖情况。中国媒体融合传播效果指数评价体系的指标设置和量化测评点的界定，对中国科协网络平台宣传评价体系的构建具有参考借鉴价值。

四、国内网络平台传播效果评价研究分析

通过对全国政府网站和政务新媒体的检查和考核标准的研究，以及对部分政府部门、人民团体、主流媒体网络平台传播效果评价的研究，了解国内开展网络平台传播效果评价的具体做法和经验，探索中国科协网络平台传播效果评价体系的构建路径。以下从评价对象确定、评价平台选择、评价指标选取三方面进行分析。

（一）评价对象确定要兼顾全面性和可操作性

评价对象的选取，要注重系统内纵向关联单位的覆盖和横向职能部门的补充。公安部、生态环境部、共青团中央、全国妇联等单位，覆盖系统内的直属和关联单位。从科学性、目标性、可操作性等原则考量，评价工作需要在实践中持续论证、优化和创新，根据每个阶段的工作目标和重点逐步推进和完善。评价对象的分层，要注重同类单位的可比性及不同类别单位对评价指标的适应性。从各单位对评价榜单的设置情况，可以看出对评价对象的分层逻辑和方式。例如生态环境部将省级部门一起排名，对副省级、地市级部门一起排名，全国妇联对省级妇联和地市级妇联分开排名。中国科协网络平台传播效果评价将全国学会、省级科协分开排名。同时，鉴于不同类别单位有不同职能，需考虑评价指标是否适用于所有评价对象。例如国务院办公厅对没有对外服务职能的部门，不检查其门户网站涉及办事服务的指标，并相应调低对应指标的满分分值。

（二）评价平台覆盖范围和权重确定具有科学性

评价平台的选择，既要适应网络平台客观发展趋势，又要兼顾系统内各单位的实际覆盖情况。通过以上单位网络平台评价研究发现，多数单位选择以微博、微信为主要评价平台，少数单位开展了针对官方网站的评价，如中央政法委的网站月度工作排名、人民网研究院的PC端媒体融合传播指数等。今日头条、抖音分别作为资讯类平台和视频类平台的代表，部分单位单独将其作为网络平台进行考察和排名，如共青团中央的抖音综合影响力排行榜。中国科协网络平台传播效果评价体系评价平台的选择，基于中国科协网络平台开通和运营现状的摸底调查，根据中国网络平台覆盖情况，并兼顾发展趋势确定评价平台。

通过对不同网络平台设置不同权重，达到既要筑牢筑稳网络宣传主阵地，又要鼓励各单位积极拓展扩大平台覆盖范围的目标。综观国内评价实践，网站、微信、微博、视频平台是各单位网络宣传主阵地。针对微博和微信平台，有的单位在评价中设置较高权重或者设置单独榜单进行考察。主流媒体融合传播指数对平台的考察较为全面，从传统端、PC端、移动端三个维度覆盖主流资讯类平台和视频类平台。

（三）评价指标构建兼顾科学性和务实引导性原则

网络平台传播效果评价指标的构建，要遵循科学性和务实性原则，确保指标体系在理论方面的科学性；同时也要结合政策文件和工作要求，确保指标体系的全面性、务实性和可操作性。评价指标结构设计，要综合能力指标和特色指标相结合。单项指标的设置，既有理论和实践依据，又有方法和数据支撑，每项指标实现量化评价或质性评分。

强化主体责任意识，不仅重视数量方面的规模指标，也重视体现发展质量的指标。国务院办公厅对全国政府网站和政务新媒体检查和考核指标的设计，分为单项否决指标、扣分指标、加分指标三个层面，如有一项指标出现"单项否决"情况，直接判定为不合格，不再对其他指标进行评分；设置激励和引导网络宣传工作的创新指标，以推动各单位强化网络平台传播能力建设。

第三章　中国科协网络平台传播效果评价体系构建及应用

中国科协网络平台传播效果评价体系的构建，经过了文献比较研究、国内网络平台评价实践经验梳理、中国科协网络平台现状调研、指标体系设计、数据采集测试、评价实践等主要阶段。评价体系的构建以政策文件为指导，梳理分析国家新闻宣传相关要求、政府网站与政务新媒体考核指标、"四力"媒体融合指数等相关资料，分析指标效能，总结评价经验。同时结合科协系统网络平台宣传特点，从宣传内容、宣传渠道、宣传方式、宣传效果等方面开展综合评价。

第一节　评价体系的建设

中国科协网络平台传播效果评价指标体系的构建，以党和国家宣传思想工作要求和中国科协相关文件作为政策依据，落实中国科协宣传思想工作要点和网络平台建设要求，以"四力"为基本理论依据，评价中国科协网络平台宣传工作的内部建设和外部效果，充分发挥评价的价值引领和监督功能。

一、主要目标

评价体系要融入党和国家宣传思想工作大局，评价指标和结果要服务于科协系统网络平台宣传工作的具体管理与实践，促进网络平台宣传工作优化，推动网络平台宣传水平提升。

（一）强化网络平台宣传思想价值引领

中国科协在年度宣传工作要点中多次提出，要加强宣传工作管理和资源整合力度，严格落实宣传思想价值引领工作责任制。评价体系将各单位上级精神和重要议题的宣传与贯彻情况作为评价重点，加强对科技界主流思想和舆论的引导，促进科协系统建立健全网络平台宣传工作机制，充分发挥评价对网络平台宣传的导向作用。

（二）推进网络平台宣传阵地建设

对网络平台宣传效果开展评价，是中国科协加强网络平台宣传阵地建设的重要抓手。中国科协宣传思想工作要点中明确提出建立科学严谨可量化的评价指标体系，按季度发布科协系统网络平台宣传评价榜单。从宣传渠道、宣传内容、宣传效果等方面全方位构建评价体系并开展宣传评价工作，为全面推进科协系统网络平台宣传阵地建设提供了支撑。

（三）加强网络平台主体责任和科学传播社会责任监督

评价体系的构建立足于加强宣传评价的监督功能，引导督促科协系统各单位切实履行意识形态主体责任和科学传播社会责任。通过评价分析发现优秀案例和存在问题，持续强化对网络平台宣传工作价值引领和宣传阵地建设的监督。

二、基本原则

中国科协网络平台传播效果评价体系的构建与实施，遵循目标明确、科学客观、覆盖全面、便于操作等基本原则。

（一）目标明确

深入理解中国科协宣传工作目标和特点，紧密围绕强化价值引领与宣传指导，强化网络平台宣传阵地建设，加强网络平台的主体责任和社会责任，达到以评价促宣传的目的。将对各单位网络平台宣传的监管融入评价体系，推动网络平台提升宣传能效。

（二）科学客观

严格遵循科学研究规范。评价体系构建思路和流程方面，要思路清晰，在政策和理论上有据可依；流程要严谨，确保方向正确、过程科学、结果准确。指标结构、指标内容、评价规则、评价机制等评价体系设计方面，要客观科学、规范合理。评价实践方面，要确保评价对象、数据采集、评价分析的准确；对各平台统一进行数据采集和标准化处理，使评价结果准确可验证。成果应用方面，通过与部分单位定向定期沟通交流，提供评价指导，不断提升评价成果的应用价值。评价体系适应性方面，在确保评价体系稳定性的同时，不断优化评价指标和实施细则。

评价兼顾外部环境的动态适应性和内部平台宣传工作导向性，评价指标做到客观、实用、有效，既要适应网络平台外部传播环境变化，又要符合中国科协网络平台宣传工作目标和特点，准确评价各单位在相应指标考察点的表现。

（三）覆盖全面

从评价结构、评价对象、平台覆盖三方面兼顾评价实施和评价结果的全面性。评价结构要兼顾各网络平台综合表现和分平台表现，总榜展示各单位各网络平台综合传播情况，分榜展示各单位在相应网络平台的传播情况。评价对象为213个全国学会、32个省级科协和直属单位的网络平台账号。平台覆盖方面，以中国科协系统各单位自建和入驻相对较多的网站、微信、微博、今日头条等平台为基础，同时将具有代表性的其他平台，如抖音、B站、快手、知乎、澎湃、百家号、学习强国号、人民号、央视频、一点号、搜狐号、小红书、喜马拉雅等也纳入评价范围，确保网络平台广泛覆盖。

（四）便于操作

指标体系中的每一个指标都必须清晰明确可操作，指标逻辑、考察点、测评方法和数值属性变化都有具体、可操作化的界定和测量，明确界定评价对象、评价考察范围、评价方法和评价指标的范畴和边界。采取大数据采集、三方核验、数据标准化、统计优化等方法，确保评价结果的真实性和可靠性。

三、建设过程

在对国内网络平台宣传评价进行分析研究、对中国科协网络平台传播现状摸底调研的基础上开展指标体系的建设工作，包括指标初步设定、权重赋值、评价测试、指标筛选、评价实践、评价体系优化等主要环节。

（一）国内网络平台宣传评价调研

学习研究国务院办公厅2019年制定颁发的《政府网站和政务新媒体检查标准》和《政府网站与政务新媒体监管工作年度考核指标》，了解国家对全国政府网站和政府系统政务新媒体考核的基本标准。

基于互联网公开资料，调研选取了国新办的新闻发布工作评价考核体系、中央政法委的新闻宣传工作评价考核、公安部的新媒体绩效评估体系、生态环境部的政务新媒体评价实践、共青团中央的新媒体综合影响力榜单、全国妇联的新媒体传播指数评价实践、人民网研究院的媒体融合传播指数、南京大学的中国媒体融合传播效果指数等。通过对以上网络平台宣传效果评价体系构成、算法设计和应用情况相关文献资料的梳理分析，总结相关评价指标和评价方法，为中国科协网络平台传播效果评价体系的构建提供思路。

（二）中国科协网络平台传播现状摸底调研

2020年4月开展中国科协网络平台传播现状摸底调研，通过对调研结果的汇总分析，明晰评价平台、评价账号、数据采集方式、榜单设置。

评价平台的确定。全国学会、省级科协单位数量多，网络宣传平台覆盖面广，以官方网站和官方微信为主要网络宣传平台，官方网站和官方微信开通率超过85%，微博、今日头条超过30%，抖音超过15%，知乎、快手、B站、客户端、人民号、央视频、百家号、网易号、搜狐号等平台低于15%。结合摸底数据及媒介发展环境，确定28个网络平台为评价平台。

评价账号的确定。全国学会、省级科协网络平台账号有政务号、科普号、杂志号、期刊号、分支机构账号等多种类型。通过调查分析和专家论证，确立中国科协网络平台宣传评价账号以政务号为主，每个平台只评价一个以本单位名称命名或认证的官方账号，杂志号、期刊号、分支机构账号不纳入评价。科普号原则上不纳入评价，但少数单位科普号同时包含政务宣传内容也纳入评价。科普号相较于政务号，其发布量、阅读量、点赞量等指标数据具有明显优势，为确保评价的公正性，评价中对科普号做降权处理。

明确数据采集方式。在调研分析基础上，每季度采用大数据采集技术统一采集各平台各账号数据，核实和清洗重复、遗漏、数据格式不规范的数据，确保数据的客观性、时效性、可持续、无污染。

明确榜单设置。为确保评价的公平性、可比性，考虑全国学会和省级科协在宣传人员配置、平台建设、内容生产等方面的差异性，对全国学会、省级科协、直属单位进行单独排名，总发布量等部分指标采取不同的满分值标准。

通过摸底调研发现，科协系统网络宣传平台传播效果主要存在以下不足。

1.新媒体平台应用不足

科协系统的网络宣传平台以官方网站和官方微信为主，其他新媒体平台运用不足。官方网站更新率超过90%，官方微信更新率超过80%，微博、今日头条、抖音等其他网络平台更新率低于20%，部分已开通的微博和今日头条号未更新。

2.系统内联动宣传不够

官方网站联动宣传相对较好，大部分省级科协、全国学会官方网站链接中国科协网，部分省级科协、行业相关全国学会相互链接，但不同单位微信、微博、抖音等新媒体平台账号之间的联动宣传不足。同一单位内部的网络平台联动宣传不足，部分单位未在官方网站设置移动应用二维码进行导流，或者只关联微信，未关联微博、抖音等其他已开通平台。

3.宣传方式创新不足

在网络平台的运营层面，部分单位以图文宣传为主，视频等宣传内容不足。针对具体平台的议题设置、稿件策划、视频、长图、动漫、H5等内容设计感不足，缺乏差异性，而抖音、B站、快手等以视频为主要传播形式的平台发布量不足、发布频率不高，作品发布时间间隔超过10天。

（三）明确构建思路，初步建立指标体系

中国科协系统网络平台传播效果评价体系在研究制定过程中参考国家新闻宣传相关政策及政府网站与政务新媒体考核指标、"四力"媒体融合指数等相关资料，借鉴国内相关单位网络平台宣传评价指标的经验，征询专家意见，结合科协系统网络平台宣传工作特点和各网络平台数据的可获取性，逐一界定一级指标、二级指标及对应的依据，明确考察点、测评方法、指标值属性、数据量化程度、评分办法，构建指标库，形成初步指标体系。

中国科协网络平台传播效果评价具有单位多、平台多、账号多、榜单多、指标多、数据多的特征，采用综合评价指标体系，从宣传内容、宣传渠道、宣传方式、宣传效果等方面开展综合评价。注重价值引领与业务建设相结合，在贯彻中央宣传工作精神的基础上，融合中国科协年度宣传工作重点，注重客观数据的可获取性和可校验性，注重定性指标和定量指标的平衡。

（四）指标体系赋权

综合评价指标体系以多视角多层次反映中国科协系统网络平台的建设与运营、传播效果等情况，采用主客观相结合的组合赋权法综合确定指标权重，形成兼具信度和效度的指标体系。主观赋权法主要采用德尔菲法通过专家打分得到指标的重要性排名和数值。客观赋权法采用变异系数法以消除各项评价指标的量纲影响。

德尔菲法也称专家调查法，邀请学界、业界、评价实践三类专家对初步指标体系中各个指标的重要程度进行打分，并对指标结构、名称、考察点、具体算法等提出意见建议。依据同级指标相互比较原则，测量指标的相对重要程度和互斥力度，得到初步权重。将初步权重和各项专家建议反馈并再次征求专家意见。经过多次征询，逐步取得相对一致的指标权重，删除冗余指标。

变异系数法是根据各评价指标现实值与目标值的变异程度对各指标进行赋权，具体方法为根据两次评价测试数据，以指标数据呈现的规律和特征决定权重。在指标体系中，指标取值差异越大和越难以实现的指标更能反映各单位的差距，如用户规模、阅读量。变异系数法虽然可以排除人为干扰实现客观赋权，但部分指标权重无法真实反映各项指标对各单位网络平台宣传能力和效力表现的重要性差异，因此需结合主观赋权法综合确定指标权重。

2019年开展评价工作以来，在指标赋权、评价测试、每季度评价实践情况等方面与专家开展沟通交流，优化指标体系和评价实施细则。参与论证和交流的主要专家如下。

周亭，中国传媒大学政府与公共事务学院院长，教授、博士生导师。主要研究领域为大数据舆情与国家治理、国际传播等。

祝华新，中国经济体制改革研究会互联网与新经济专业委员会主任，原人民网舆论与公共政策研究中心主任。主要研究领域为网络舆论、新媒体传播、新经济研究。

周敏，北京师范大学新闻传播学院教授、博士生导师。主要研究领域为新媒体、风险传播、国际传播等。

周建中，中国科学院科技战略咨询研究院研究员，中国科学院大学公共政策与管理学院岗位教授、博士生导师，中国科学院学部科学普及与教育研究支撑中心执行主任。主要研究领域为科技发展战略、科技人才政策、科学教育与科学普及等。

苏金燕，中国社会科学院中国社会科学评价研究院研究员。主要研究领域为科学评价与信息计量。

赵曙光，中国人民大学新闻学院教授，国家治理与舆论生态研究院副院长。主要研究领域为舆论学、传播产业、数据挖掘。

张琪，环球时报研究院执行院长，环球时报舆情中心主任。主要研究领域为传播效果评价、民意调查、舆情监测。

表10　评价体系构建过程中专家赋权和论证过程

周期	主要目标	专家主要工作内容
2019年12月—2020年1月	指标体系赋权	指标权重赋值，对指标体系的构建依据、一二级指标设置、榜单设置等提出意见建议。
2020年2月—4月	二轮指标体系赋权	指标权重赋值，根据突发疫情专题宣传试评价，对各榜单的指标名称、指标说明、指标实操性等提出意见建议。
2020年6月	专家论证会论证指标体系	根据2020年一季度试评价结果，举行专家论证会，论证指标体系和榜单设置的合理性，进一步完善指标、权重、评分规则。
2020年7月—2022年12月	每季度修订指标体系和实施细则	基于评价实践结果和外部媒体环境变化，每季度与专家沟通交流，动态优化指标体系和评价实施细则。

（五）评价测试

采用大数据监测技术对全国学会和省级科协的网络平台数据进行集中采集分析，在重点采集官方网站、官方微信、微博、今日头条和抖音平台数据的基础上，覆盖28个网络平台账号的原始数据。针对不同网络平台采用不同的数据获取工具，对采集数据进行三方校验，确保客观数据的可持续性与准确性。数据采集、清洗、处理、分析各个环节，以人机结合、异常数据核实、定量研究与定性研究相结合的方式进行。评价体系构建前期开展了两次评价测试，分别为2020年疫情专题宣传评价测试、2020年一季度网络平台宣传评价测试。

（六）指标筛选

科学的指标体系是获得准确的评价结果的前提条件，因此必须对建立的指标体系进行科学性检验，即进行单体检验和整体检验。单体检验是指检验每个指标的可行性和准确性。可行性指该指标的测评点数值能否获得，准确性指指标的计算方法、计算范围是否正确。整体检验主要检验整个指标体系的重要性、完整性和必要性。重要性指判断和剔除对评价结果无关的指标，完整性指指标体系能否全面反映评价目的和任务，必要性指检验指标体系所有指标从全局考虑是否都是必不可少的。检验方法为对各项指标进行相关性检验，计算指标的相关系数R_{ij}，根据实际评价情况确定相关系数的临界值R^*，如果$R_{ij} \geqslant R^*$，可删除权重较小的指标X_i或X_j，如果$R_{ij} < R^*$，X_i、X_j均保留。

以信息发布相关的指标检验为例，"日均发布量""总发布量""账号活跃度"三个指标具有一定相关性。检验结果显示，"日均发布量"和"总发布量"完全正相关，因"总发布量"所代表的信息发布总量更具表现力，故剔除"日均发布量"指标。"账号活跃度"指标虽与"总发布量"中度相关，但该指标从账号活跃天数和信息发布间隔时长两方面测量信息发布频率，故予以保留。

表11　中国科协网络平台传播效果评价体系指标筛选过程示例

		网站总发布量	网站日均发布量	网站发文活跃度	网站发布最长间隔天数	微信总发布量	微信日均发布量	微信账号活跃度
网站总发布量	Pearson相关性 显著性（双侧） N	1 246	1.000** .000 246	.722** .000 246	−.358** .000 245	.511** .000 245	.509** .000 246	.419** .000 245
网站日均发布量	Pearson相关性 显著性（双侧） N	1.000** .000 246	1 246	.722** .000 246	−.358** .000 245	.511** .000 245	.509** .000 246	.419** .000 245
网站发文活跃度	Pearson相关性 显著性（双侧） N	.722** .000 246	.722** .000 246	1 246	−.616** .000 245	.652** .000 245	.649** .000 246	.659** .000 245
网站发布最长间隔天数	Pearson相关性 显著性（双侧） N	−.358** .000 245	−.358** .000 245	−.616** .000 245	1 245	−.379** .000 244	−.377** .000 245	−.428** .000 244
微信总发布量	Pearson相关性 显著性（双侧） N	.511** .000 245	.511** .000 245	.652** .000 245	−.379** .000 244	1 245	1.000** .000 245	.837** .000 244
微信日均发布量	Pearson相关性 显著性（双侧） N	.509** .000 246	.509** .000 246	.649** .000 246	−.377** .000 245	1.000** .000 245	1 246	.837** .000 245
微信账号活跃度	Pearson相关性 显著性（双侧） N	.419** .000 245	.419** .000 245	.659** .000 245	−.428** .000 244	.837** .000 244	.837** .000 245	1 245

**. 在 .01 水平（双侧）上显著相关。

（七）动态优化评价体系

中国科协网络平台传播效果评价体系保持在一定时间周期内的稳定性和科学性，基于评价实践经验总结，保持动态性和适应性。在完成指标选择、确定指标权重后，对各指标所涉及的满分值、扣分问题、特殊情况进行详细说明，明确评价实施细则。在三年多的季度和年度评价实践中，每个评价期根据上一期评价结果和部分单位反馈情况，以及中国科协的实际宣传情况，以数据测试、反馈交流、专家咨询等形式，动态优化和调整评价指标体系和实施细则。

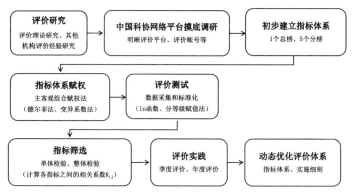

图4　中国科协网络平台传播效果评价体系的建设过程

第二节　评价体系的构成

基于科学构建过程、理论与实践相结合而形成的中国科协网络平台传播效果评价指标体系，由总榜和分榜构成，兼顾综合宣传效果和分平台效果，并按季度和年度公开发布排行榜前10名榜单。

一、评价范围

中国科协网络平台传播效果评价工作对评价对象和评价内容进行了清晰明确的界定，以确保评价工作顺利开展。

（一）评价对象

评价对象为中国科协系统全国学会、省级科协和直属单位的网络平台账号，直属单位的评价内容不在本书展示。以2020年4月开展的中国科协系统网络平台账号摸底调研和2020年一季度评价测试为基础，确定官方网站、官方微信、微博、今日头条、抖音、B站、快手、客户端（APP）等28个网络平台为评价平台，每期评价28个平台的共约1000个账号。

（二）评价内容

评价内容包括各单位在评价期内各网络平台的平台建设和运行情况、宣传思想工作开展和议题设置情况、对受众的吸引和影响情况，以及对平台的监管和获得受众信任情况。以"四力"中的传播力和引导力考察宣传与传播过程的前端，重在促进科协系统网络平台传播的内部建设；以影响力和公信力考察宣传与传播过程的后端，重在帮助提升科协系统传播工作的外部效果。

二、指标体系构成

中国科协网络平台传播效果评价指标体系由1个总榜和5个分榜构成，总榜从官方网站、官方微信、其他平台3个维度开展评价，分榜分别为官方网站、官方微信、微博、今日头条、抖音5个平台。

总榜和分榜以传播力、引导力、影响力、公信力为一级指标，根据各平台特性及科协宣传工作要点设置相应二级指标，总榜由37个二级指标构成，5个分榜合计70个二级指标。

传播力指把信息传播出去的能力，考察各单位网络平台的建设和运行能力，具体考察指标包括发布量、活跃度、原创稿件量、表现形式、网络平台覆盖度等，是各单位网络平台宣传工作中主观能力和主观行为的量化反映。

引导力指思想价值引领能力和议题设置能力，考察各单位掌握宣传思想引导和思想建设主动权的情况，具体考察指标包括上级精神贯彻度、重要议题参与度。每季度动态设置上级精神和重要议题的评价内容，强化各单位的思想价值引领意识以及议题策划、联动宣传能力。

影响力指吸引受众关注、互动的能力，考察各单位网络平台的信息到达、触达目标受众的能力，具体考察指标包括粉丝总量、阅读量、转发量、评论量等。引导督促各单位关注受众需求和反馈，增强内容吸引力，提升各单位网络平台的影响力。

公信力指受众的信任程度，考察各单位网络平台的专业度及获得受众信任情况，具体考察指标包括专业度、信任度、点赞量、评论正向率等。引导督促各单位切实履行主体责任和社会责任。

中国科协网络平台传播效果评价指标体系，在结构上兼具系统性与特色性，实现了总体指标和平均指标相结合、总量指标和增量指标相结合、定量指标和定性指标相结合。

表12 中国科协网络平台传播效果评价总榜指标

一级指标	权重（%）	平台	二级指标	权重（%）	指标说明
传播力	30	官方网站	总发布量	4	发布信息总和
			表现形式	2	采用专题、视频、音频、动画等多种表现情况
			功能应用	2	提供资讯、服务、工具等功能情况
			可用性	1	网站能否正常访问，链接能否打开
			及时性	1	动态要闻、通知公告等重点信息及时发布情况
		官方微信	总发布量	4	发布信息总和
			功能应用	2	专题、视频、服务功能等专项内容的设置和使用情况
			账号活跃度	2	发布信息的总天数
			原创稿件量	2	发布标注原创的信息总和
		其他平台①	总发布量	4	发布信息总和
			账号活跃度	3	发布信息的总天数
			网络平台覆盖度	3	以评价单位名称为主体认证的平台数量

---

① "其他平台"指除官方网站、官方微信以外的其他网络宣传平台。

一级指标	权重（%）	平台	二级指标	权重（%）	指标说明
引导力	30	官方网站	上级精神贯彻度	5	中央精神宣传、学习贯彻情况
			重要议题参与度	5	中国科协重点工作、重大活动宣传情况
		官方微信	上级精神贯彻度	5	中央精神宣传、学习贯彻情况
			重要议题参与度	5	中国科协重点工作、重大活动宣传情况
		其他平台	上级精神贯彻度	5	中央精神宣传、学习贯彻情况
			重要议题参与度	5	中国科协重点工作、重大活动宣传情况
影响力	30	官方网站	网站流量	4	网站访问量
			网站排名	3	搜索引擎对网站的排名情况
			搜索引擎收录量	3	搜索引擎对网页的收录情况
		官方微信	总阅读量	4	发布信息的阅读量总和
			总评论量	2	发布信息的评论量总和
			篇均阅读量	2	发布信息的阅读量平均值
			头条篇均阅读量	2	发布头条信息的阅读量平均值
		其他平台	粉丝总量	2	各平台粉丝数量总和
			粉丝增量	2	评价期各平台新增粉丝数量总和
			总阅读量	2	发布信息的阅读量和播放量总和
			总转发量	2	发布信息的转发量总和
			总评论量	2	发布信息的评论量总和
公信力	10	官方网站	专业度	2	信息真实、及时、表述准确
			信任度	2	政府、主流媒体、行业媒体等网站的链接、转发情况
		官方微信	专业度	1	信息真实、及时、表述准确
			总在看量	1	发布信息的在看量总和
			总点赞量	1	发布信息的点赞量总和
		其他平台	专业度	2	信息真实、及时、表述准确
			总点赞量	1	发布信息的点赞量总和

表13　中国科协网络平台宣传评价分榜——官方网站指标

一级指标	权重（%）	二级指标	权重（%）	指标说明
传播力	30	总发布量	12	发布信息总和
		表现形式	5	采用专题、视频、音频、动画等多种表现情况
		功能应用	5	提供资讯、服务、工具等功能情况
		可用性	4	网站能否正常访问，链接能否打开
		及时性	4	动态要闻、通知公告等重点信息及时发布情况
引导力	30	上级精神贯彻度	15	中央精神宣传、学习贯彻情况
		重要议题参与度	15	中国科协重点工作、重大活动宣传情况
影响力	30	网站流量	12	网站访问量
		网站排名	9	搜索引擎对网站的排名情况
		搜索引擎收录量	9	搜索引擎对网页的收录情况
公信力	10	专业度	6	信息真实、及时、表述准确
		信任度	4	政府、主流媒体、行业媒体等网站的链接、转发情况

表14　中国科协网络平台宣传评价分榜——官方微信指标

一级指标	权重（%）	二级指标	权重（%）	指标说明
传播力	30	总发布量	15	发布信息总和
		功能应用	6	专题、视频、服务功能等专项内容的设置和使用情况
		账号活跃度	6	发布信息总天数
		原创稿件量	3	发布标注原创的信息总和
引导力	30	上级精神贯彻度	15	中央精神宣传、学习贯彻情况
		重要议题参与度	15	中国科协重点工作、重大活动宣传情况

续表

一级指标	权重（%）	二级指标	权重（%）	指标说明
影响力	30	总阅读量	10	发布信息的阅读量总和
		总评论量	5	发布信息的评论量总和
		篇均阅读量	5	发布信息的阅读量平均值
		头条篇均阅读量	5	发布头条信息的阅读量平均值
		单篇最高阅读量	5	单篇信息的最高阅读数量
公信力	10	专业度	4	信息真实、及时、表述准确
		总在看量	3	发布信息的在看量总和
		总点赞量	3	发布信息的点赞量总和

表15　中国科协网络平台传播效果评价分榜——微博指标

一级指标	权重（%）	二级指标	权重（%）	指标说明
传播力	30	总发布量	16	发布信息总和
		账号活跃度	7	发布信息总天数
		原创稿件量	7	发布原创信息总和
引导力	30	上级精神贯彻度	15	中央精神宣传、学习贯彻情况
		重要议题参与度	15	中国科协重点工作、重大活动宣传情况
影响力	30	粉丝总量	10	账号的粉丝数量总和
		粉丝增量	6	评价期新增的粉丝数量
		总转发量	4	发布信息的转发量总和
		总评论量	4	发布信息的评论量总和
		单篇最高转发量	3	单篇信息的最高转发数量
		单篇最高评论量	3	单篇信息的最高评论数量
公信力	10	专业度	4	信息真实、及时、表述准确
		总点赞量	3	发布信息的点赞量总和
		评论正向率	3	正向评论的比例

表16　中国科协网络平台传播效果评价分榜——今日头条指标

一级指标	权重（%）	二级指标	权重（%）	指标说明
传播力	30	总发布量	16	发布信息总和
		账号活跃度	7	发布信息总天数
		功能应用	7	视频、矩阵、发布厅等功能的设置和使用情况
引导力	30	上级精神贯彻度	15	中央精神宣传、学习贯彻情况
		重要议题参与度	15	中国科协重点工作、重大活动宣传情况
影响力	30	粉丝总量	10	账号的粉丝数量总和
		粉丝增量	6	评价期新增粉丝数量
		总阅读量	4	发布信息的阅读量总和
		总评论量	4	发布信息的评论量总和
		篇均阅读量	2	发布信息的阅读量平均值
		单篇最高阅读量	2	单篇信息的最高阅读数量
		单篇最高评论量	2	单篇信息的最高评论数量
公信力	10	专业度	4	信息真实、及时、表述准确
		总点赞量	3	发布信息的点赞量总和
		评论正向率	3	正向评论的比例

表17　中国科协网络平台传播效果评价分榜——抖音指标

一级指标	权重（%）	二级指标	权重（%）	指标说明
传播力	30	总发布量	16	发布作品总和、举行直播情况
		账号活跃度	7	发布作品、举行直播的总天数
		功能应用	7	合集、直播等功能应用情况
引导力	30	上级精神贯彻度	15	中央精神宣传、学习贯彻情况
		重要议题参与度	15	中国科协重点工作、重大活动宣传情况

续表

一级指标	权重（%）	二级指标	权重（%）	指标说明
影响力	30	粉丝总量	10	账号的粉丝数量总和
		粉丝增量	6	评价期新增粉丝数量
		总转发量	4	发布作品的转发量总和
		总评论量	3	发布作品的评论量总和
		总收藏量	3	发布作品的收藏量总和
		合集播放量	2	合集新增播放数量
		单个作品最高转发量	2	单个作品的最高转发数量
公信力	10	专业度	4	信息真实、及时、表述准确
		总点赞量	3	发布信息的点赞量总和
		评论正向率	3	正向评论的比例

三、评价机制

依据中国科协网络平台传播效果评价工作要求，为确保评价工作的科学严谨，在评价对象（账号）核准、评价测试、数据标准化、排行榜制作发布、指标体系和实施细则优化、评价结果分析反馈等方面形成闭环工作机制。

（一）评价对象（账号）动态更新

每季度动态监测和更新网络平台账号。在连续三年多的评价工作中，每季度核实和确认网络平台的账号变更和新增情况，并在2022年5月再次调研各单位账号，对评价名单进行增补，确保评价账号准确。

（二）评价测试

基于初步构建的指标体系，开展了两次评价测试工作，有效完善指标体系。2020年2月开展的全国学会、省级科协、直属单位、机关对突发新冠疫情议题的宣传评价测试，形成四类单位的总榜排名，测量指标体系的可操作性，撰写指标体系报告。2020年4月采集一季度网络平台数据，针对全国学会、省级科协、直属单位进行排名，分别形成三类单位的总榜排名，官方网站、官方微信、微博、今日头条、抖音分榜排名。在2020年7月2日召开的"2020年中国科协宣传思想工作会议"上，公布指标体系基本情况和一季度的评价测试榜单，根据此次会议反响和对部分单位的意见征集结果，进一步修订和完善指标体系。

（三）数据标准化

中国科协网络平台传播效果评价指标体系的指标多、数据多，各项指标与数据具有不同含义、属性、量纲、数量级和重要性。通过采用科学方法对指标数据进行标准化处理，能够实现多样化数据在统一尺度上的计算与比较，并合理解决极端值和异常值问题。定量数据主要采用ln函数转换的方法，定性数据主要采用分等级赋值法实现标准化。

数据标准化的选择原则为"同一指标数据相对差距不变"和"区间稳定性"。"同一指标数据相对差距不变"指不同评价对象在同一个指标上的原始数值存在大小差异，标准化后的数值应保持不同评价对象在数量级上的顺序关系不变。"区间稳定性"指所有指标经过标准化后的指标值都要在一个确定的区间内。各个指标经标准化后的指标数值将固定在[0，100]内，即最小值为0，最大值为100，综合得分的取值范围也保持在[0，100]内。

定量数据目前常用的数据标准化方法有Min-Max标准化、log函数转换、Z-score标准化等。即通过取以e为底的对数函数（ln函数）转换实现数据标准化，并根据ln函数转换后的数据取值范围，以固定正实数d为系数，实现百分制转换，得到单项指标标准得分。具体公式为：

标准分=$d \times \ln (x+1)$，$d>0$，$d \in R$

指标数据全部标准化后，结合权重逐级计算二级和一级指标得分，再计算综合得分。总榜和分榜得分计算公式为：

综合得分=W_1×传播力+W_2×引导力+W_3×影响力+W_4×公信力（W_i为权重）

（四）动态优化指标体系和评价实施细则

每季度依据评价开展情况优化指标、权重、实施细则。从价值引领角度，动态设置引导力的议题内容，引导科协系统不断聚焦靶心，主动设置议题，强化对科技工作者的思想价值引领。从中国科协宣传工作角度，充分考量各单位网络平台的实际宣传情况及媒介环境变化情况，动态调整指标和权重。同时，按季度征询部分单位反馈意见和权威专家意见，动态修订指标体系和评价实施细则。以2022年为例，官方网站和官方微信增加"功能应用"指标，强化对政务服务功能的考察，微博、今日头条和抖音增加"评论正向率"指标，关注受众对发布内容的认可情况。

评价实施细则的优化，把握导向性原则。动态监测账号信息发布、粉丝量、用户互动等情况，对出现重大错误和弄虚作假的单位采取"一票否决制"，取消前10名排名资格。兼顾发布信息的数量、质量和形式多样性，并非发布信息越多得分越高，原创少、政务相关内容占比低也会影响得分。

（五）排行榜制作发布

每季度基于评价指标，经过指标测评点的数据分析、主客观权重赋值和综合研判，进行量化排名。将每期评价结果和上期对比，对排名变化明显的单位，进行复核检验和说明；对表现突出单位进行经验总结，积累案例材料；对排名下降明显的单位进行问题分析，提出改进意见。做到评价过程扎实可靠、评价结果有理有据、评价指导务实有效。

按季度分别制作全国学会和省级科协的总榜排行榜和分榜排行榜共计12个榜单。自2021年起，在制作季度排行榜基础上，对全年四个季度的评价数据汇总分析，制作年度排行榜。每期排行榜榜单包括：全国学会总榜、全国学会官方网站分榜、全国学会官方微信分榜、全国学会微博分榜、全国学会今日头条分榜、全国学会抖音分榜，省级科协总榜、省级科协官方网站分榜、省级科协官方微信分榜、省级科协微博分榜、省级科协今日头条分榜、省级科协抖音分榜。

每季度和年度排行榜前10名榜单在中国科协官方微信"今日科协"和"科协改革进行时"对外公开发布。

图5　中国科协网络平台传播效果评价排行榜表头示例

（六）评价反馈和评价指导

每季度排行榜发布后，及时收集参与评价交流单位的反馈意见，对各单位提出的问题和诉求，有针对性地给出评价结果分析和指导意见，进一步促进提升各单位的参与度、配合度和宣传积极性。

第三节　评价体系的实践应用

基于中国科协网络平台传播效果评价体系，截至2022年12月，已连续开展12期季度评价、2期年度评价（2021年度和2022年度）。在评价工作实施中，动态优化指标体系和实施细则，形成"账号核准、评价分析、榜单发布、咨询反馈"的良性闭环机制。

以下为2020年1月1日—2022年12月31日的评价数据，结合2020年的摸底调研以及2022年开展的调研和案例征集材料，综合运用定量和定性相结合的研究方法，分析中国科协网络平台传播的整体传播现状特点和各平台的传播特征。

一、网络平台传播整体现状分析

2020年以来，全国学会和省级科协的网络平台宣传效果，在动态变化中呈现相对稳定的特点，主要表现在阵地拓展、形式创新、议题设置优化三个方面。

（一）官方网站和官方微信是宣传主阵地，视频平台账号稳步增长

随着媒介环境的移动化、视频化、社交化等发展趋势，全国学会和省级科协构建以官方网站和官方微信为主阵地，微博、今日头条、抖音等多平台拓展的传播矩阵，尤其视频平台拓展力度持续加大。截至2022年12月，全国学会的官方网站和官方微信的开通率、更新率均达到90%以上，省级科协均为100%。开通视频平台的积极性不断提高，2022年新开通的102个账号中，视频平台有81个，占79.4%。从纵向看，全国学会2020—2022年的微信视频号、

抖音、B站号的数量也持续增加。

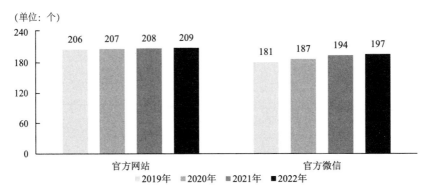

（单位：个）

图6　全国学会官方网站、官方微信（公众号）2019—2022年账号数量情况

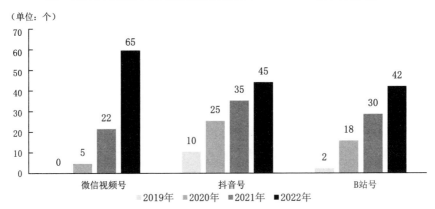

（单位：个）

图7　全国学会微信视频号、抖音、B站2019—2022年账号数量情况

部分单位网络平台多元化拓展，增强宣传效果。浙江省科协在今日头条、澎湃、人民号、网易、百家号多个平台开通"科技武林门"号，加强横向联动；同时组建浙江省、市科协微信号和浙江省科研院所、省级学会、高校科协等微信号矩阵。中国电子学会开通抖音、微信视频号、快手、央视频号等新媒体平台官方账号，2021年开展活动直播20余场，直播累计观看量2500万次；制作短视频内容200余个，累计播放量超过340万次。

（二）信息发布及传播效果提升，图文视频直播等传播形式多样化

总发布量、更新频率、阅读量、粉丝总量均有提升。发布数量和更新频率方面，截至2022年12月，全国学会、省级科协每季度发布稿件合计超过10万篇，官方网站约占30%，官方微信约占25%，微博、今日头条、抖音约占25%，其余20多个平台累计约占20%，发布数量和频率整体比2020年评价之初提升明显。全国学会官方微信总阅读量整体呈上升趋势，2020—2022年每季度平均阅读量分别超过900万、1000万、1100万次。北京市科协每季度总阅读量由2020年和2021年的20万～40万次，提升到2022年的100万次以上。河南省科协2021年下半年重新明确账号定位和受众目标，优化选题内容，官方微信阅读量提升明显，2022年平均每季度总阅读量超过58万次。超过80%的账号粉丝量有所增长，抖音增长尤其明显，中国物理学会、中华中医药学会开通半年粉丝量均超过30万。

各单位在传统图文基础上，探索视频、直播等多种传播形式。官方网站和官方微信设置交流互动、综合服务等功能，整体向数字化、服务化发展。新媒体平台的视频化加速，许多单位在微信和微博开通视频号，微博内容30%以上为视频形式，抖音三年累计发布超过1.5万个视频，B站累计发布超过4000个中长视频。部分单位加强深化官方网站、官方微信、抖音等平台的内容协同和互动，利用直播、在线会议等新技术，创新宣传形式。

综合来看，基于各网络平台的功能特点与优势，越来越多的单位针对性开展不同类型的内容宣传，创新宣传形式和扩大影响力，更注重网络平台之间的协同，网络平台宣传更具信息化、数字化、服务化、可视化特点。

（三）议题设置能力持续加强，上级精神和重要议题宣传凸显

除通知公告、动态要闻、学术活动、科学普及等常规宣传，各单位积极学习贯彻中央精神和上级指示，围绕全国两会、党史学习教育、党的二十大、弘扬科学家精神、全国科技工作者日、全国科普日等上级精神和重要议题开展宣传。

其中，2021年围绕党史学习教育发布内容超过3万篇，100多个单位设置党史学习教育专题。北京市科协官方网站设置"党史学习教育""众心向党 自立自强""学习贯彻十九届六中全会精神"等相关专题。2022年全国学会和省级科协围绕上级精神和重要议题以专题、视频、直播等多种形式开展宣传。全年围绕学习贯彻习近平总书记重要讲话精神发布稿件6300篇、党史学习教育发布稿件1.1万篇。围绕全国两会、全国科技工作者日、全国科普日、党的二十大形成宣传高峰。

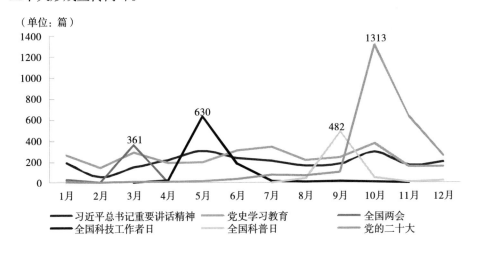

图8　全国学会和省级科协官方微信2022年上级精神和重要议题宣传情况

党的二十大宣传呈现"专题化""持续化"特点。2022年四季度各单位积极开展网络宣传，将网络平台作为党的二十大精神宣传的重要阵地，在官方网站、官方微信、微博等平台发布相关内容超过7100篇。部分单位在多个平台开设专题重点宣传党的二十大，北京市科协官方网站、官方微信设置"党的二十大"专题，分阶段重点发布《喜迎二十大》《二十大代表风采》《学习二十大精神》《科技工作者二十大代表报告会》等内容。

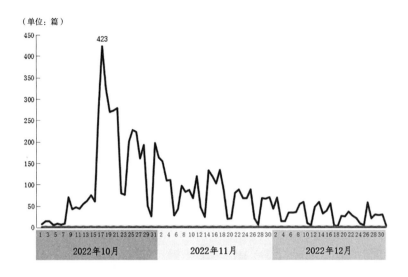

（单位：篇）

图9　2022年10月—12月全国学会和省级科协官方微信发布党的二十大相关内容数量趋势

全国科普日活动宣传呈现"主题化""专题化"特点。2022年全国科普日活动主题为"喜迎二十大，科普向未来"，全国学会和省级科协以专题、视频、直播等多种形式开展宣传，累计发布内容超过3700篇。聚焦科技服务创新发展，宣传呈现各平台联动协同的良好态势。北京市科协官方网站、官方微信和抖音设置"喜迎二十大 科普向未来 北京科学嘉年华"专题，聚焦宣传2022年北京市全国科普日暨第十二届北京科学嘉年华活动。湖北省科协官方网站和官方微信、山东省科协官方网站、湖南省科协、云南省科协等单位官方微信设置全国科普日专题，中国康复医学会官方微信连续一周每天开展"【2022全国科普日】云上科普大讲堂"直播活动。

二、各网络平台的传播特征分析

基于2020—2022年三年的评价数据，围绕总发布量、总阅读量、粉丝量等有代表性的指标，结合各网络平台在宣传内容、宣传形式和用户反馈等方面的突出表现，对各网络平台传播特征开展分析。

（一）官方网站仍是主阵地，重要议题宣传"栏目化""专题化"

官方网站仍是政务宣传主阵地。在新媒体平台尤其是视频平台分流的媒介环境下，官方网站仍是各单位对外政务宣传的主要平台，也是提供"互联网+政务服务"的重要窗口，多数单位对官方网站有超过15年的建设和宣传经验。较多单位的信息发布量也保持在较高水平，2020—2022年，全国学会每季度总发布量介于1.1万～1.5万篇，省级科协总发布量介于1.2万～1.9万篇。

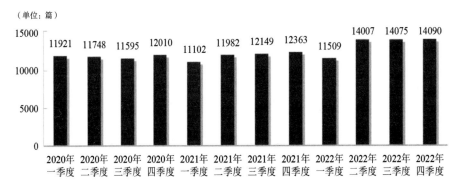

图10 全国学会官方网站每季度总发布量

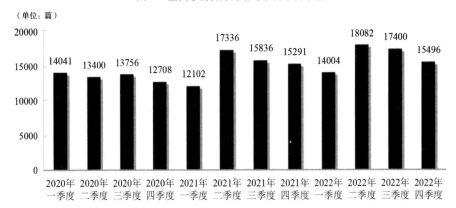

图11 省级科协官方网站每季度总发布量

注重原创，栏目建设、专题宣传突出。官方网站在设置"要闻""动态""通知""党建""科普"等常规栏目基础上，依据年度重要议题设置"党史学习教育""全国科技工作者日""全国科普日"等专题内容，开展重点宣传。浙江省科协设置"智库""学术""科普""人才""党建""应用"等栏目，中国金属学会、新疆科协等单位设置"智库建设"栏目。江苏省科协围绕中国科协和省科协重点工作，在官方网站"特别关注"栏目推出"奋力书写科技强国的盛世华章——习近平总书记重要讲话在江苏科技界引起热烈反响""科协事业大家谈""江苏科技志愿服务""江苏省首批科学家精神教育基地展示"等系列报道宣传。

数字化建设提速，注重网站功能建设和应用效果。全国学会设置会员服务窗口，提供科技工作者注册、课题申报、奖励申报、投稿、会议服务等综合服务平台。北京市科协设置数字科协协同管理服务功能，湖北省科协设置网上服务大厅、浙江省科协设置数字科协、重庆市科协设置工作平台和交流互动平台等网上服务窗口。

（二）官方微信功能"服务化""个性化"，重要议题宣传效果突出

官方微信进一步强化政务服务功能，服务科技工作者能力不断增强。有超过85%的全国学会和省级科协设置服务栏目，功能主要集中在链接官方网站、活动会议、会员服务、专题等方面。中国有色金属学会设置"科技速递、学会工作、关于我们"栏目。中国计算机学会将官方微信作为传播即时信息，学会文化、价值观，以及链接服务会员的重要平台和窗口。北京市科协在官方微信提供重要学术交流活动、人才举荐、科技成果转化等信息，提升针对科技工作者的服务能力和互动水平；设置"微科普"专题，集成京津冀地区近百所热门科技场馆信息，为公众提供展览资讯服务，助力北京"科技馆之城"建设。

部分官方微信活跃度高，重要议题宣传突出。全国学会每季度总发布量介于1万～1.6万篇，中国城市规划学会、中国指挥与控制学会等账号活跃度高，在国庆等节假日也保持每日更新。中国测绘学会坚持日更5篇，保持用户黏性，针对热点和爆点提前策划专题，发动行业各单位积极参与投稿，对重点专题或重要文章动员行业矩阵广泛传播。中国自动化学会、中国环境科学学会等学会组建网络平台运营团队，定期分析传播数据，动态调整发布内容，注重提升栏目策划能力；建立高校宣传队伍、志愿者团队和不同群体微信群，针对不同受众进行内容投放。省级科协每季度总发布量介于7000～11000篇，平均每单位发布量介于220～350篇，账号活跃度高，季度平均活跃天数为70天，发布最长间隔天数低于7天，北京市科协、上海市科协等保持每日更新（含节假日）。浙江省科协围绕相关宣传主题设置多个专栏，设置"'浙里'科学家故事"栏目，讲述浙江籍知名科学家的求学、治学、科研创新奋斗史；设置新时代"科技追梦人"栏目，讲述基层优秀科技工作者继承科学家精神、在各自岗位上用科研创新服务国计民生的故事；围绕浙江省科协十一大，设置"点赞科协亮点，喜迎十一大"栏目；设置"迎接530，点赞科协亮点"栏目，宣传基层科协为530"全国科技工作者日"开展的系列活动。

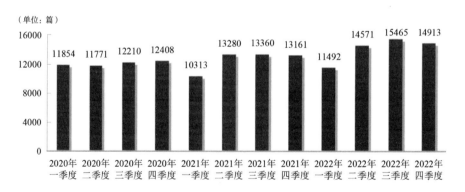

图12　全国学会官方微信每季度总发布量

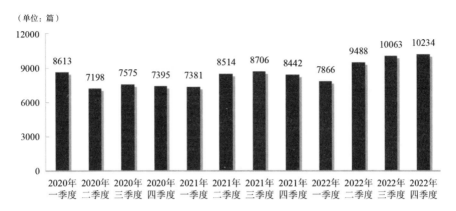

（单位：篇）

图13　省级科协官方微信每季度总发布量

契合社会需求和热点，总阅读量稳中有升。全国学会官方微信每季度总阅读量介于880万～1200万次[①]。中华护理学会、中国城市规划学会、中国指挥与控制学会、中国计算机学会、中国测绘学会每季度平均阅读量超过30万次。部分官方微信阅读量不断提升，其中8个全国学会2022年二季度总阅读量较一季度提升超过10万次。中国营养学会的《〈中国居民膳食指南（2022）〉一图读懂》阅读量超过10万次。中国细胞生物学学会2022年二季度总发布量357篇，总阅读量25.3万次，较一季度提升14万次，发布的《关于提高老年人新冠疫苗接种和加强针比例的倡议书》获8.2万次阅读。中国茶叶学会结合时政热点，发布《习总书记在海南五指山市考察调研，体验炒茶！》《热点关注｜"把茶叶经营好，把日子过得更红火！"习总书记买茶！提振鼓舞茶产业士气！》；结合影视热点，发布《跟着梦华录，体验宋代精致的茶生活》等相关内容。

----

① 本书所涉各单位数据为每季度的分阶段采集数据，与各单位的账号实时数据可能存在细微差异。

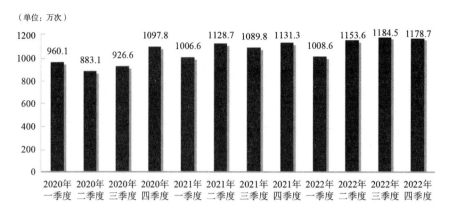

图14　全国学会官方微信每季度总阅读量

（三）微博专题宣传内容互动效果较好，但更新率不高

微博的信息开放度较高，部分单位对微博的开通和使用较为慎重，微博更新率相对不足，部分账号超过三年未更新。全国学会每季度微博总发布量介于2500～4500篇，省级科协介于3900～7000篇。省级科协2022年一季度新增河南省科协和安徽省科协。

部分单位借助行业活动和公众人物开展宣传，互动效果较好。中国营养学会持续邀请公众人物参与每年5月的"全民营养周"活动，在学会官方网站、官方微信、微博开展联动宣传，2020年发布宣传大使上线的2篇博文均超过1000次点赞。2021年，与宣传大使互动的5篇博文均超过4000次点赞。2022年扩大宣传大使队伍，博文《邀您一起践行中国居民膳食指南2022》获6.4万次点赞。

（单位：篇）

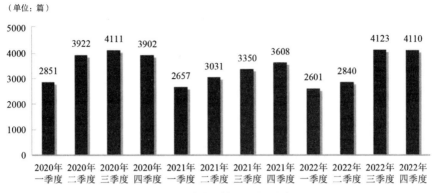

图15 全国学会微博每季度总发布量

（单位：篇）

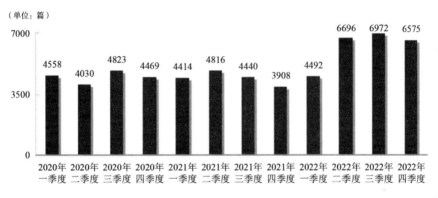

图16 省级科协微博每季度总发布量

（四）今日头条总发布量提升，但功能应用单一

账号运营能力差距明显。全国学会和省级科协总发布量有所提升，全国学会每季度总发布量介于1400～3600篇，2022年下半年增长明显。省级科协每季度总发布量介于2900～6100篇，2021年和2022年每季度总发布量均较上一年同期有所提升。北京市科协、山东省科协、安徽省科协发布量提升明显。发布量差距大，20%的账号约占总发布量的80%，部分账号超过三年未更新。用户规模差距大，中国人工智能学会粉丝量最高，为54.8万个，开展了"三

会一奖^①""跟我学AI""AI科普微视频"等系列宣传,其余账号粉丝量低于12万个。

(单位:篇)

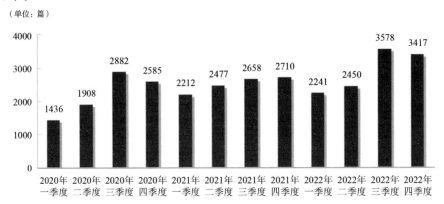

图17 全国学会今日头条每季度总发布量

(单位:篇)

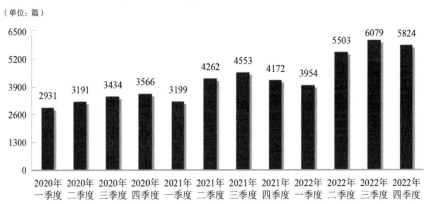

图18 省级科协今日头条每季度总发布量

平台功能利用有限。今日头条平台有文章、视频、微头条、音频、合集、发布厅、矩阵、小视频、直播、问答等十多个栏目功能,"矩阵"可关注多个账号,"发布厅"自动展示"矩阵"账号新发布的内容,具有联动宣传效果。但部分单位未利用"矩阵""发布厅"栏目,或仅关注本省所属市级科协及省级学会,关注中国科协、省级科协、全国学会等上级和同级机构的单位不多,

① 全球人工智能技术大会、中国人工智能大会、中国智能产业高峰论坛、吴文俊人工智能科学技术奖。

平台功能利用不足。

（五）抖音账号持续增长，但发布量不高

账号数量和发布量呈上升趋势。截至2022年12月，有45个全国学会开通抖音号，有23个省级科协开通抖音号，账号较2019年底增长均超过100%。全国学会每季度抖音总发布量介于160～800个，省级科协介于180～1600个，整体呈逐年上升趋势。但视频制作能力整体有限，发布量不高，政务类宣传不足。

（单位：个）

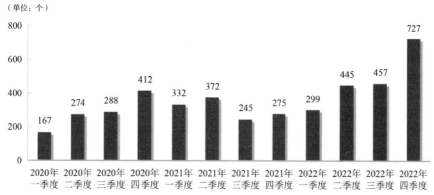

图19　全国学会抖音每季度总发布量

（单位：个）

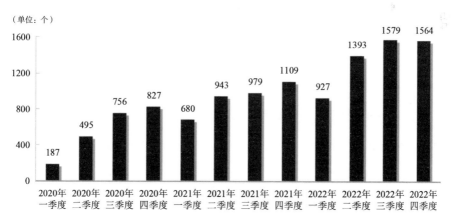

图20　省级科协抖音每季度总发布量

部分抖音号增长突出。受疫情影响，部分单位将线下活动和宣传重心转移至抖音等线上平台，中华中医药学会、中国物理学会、重庆市科协、中国

地震学会是2020—2022年新开通且发展较快的抖音号。在开通的半年内，中国物理学会获40万个粉丝，中华中医药学会获30万个粉丝，重庆市科协获16万个粉丝。但后续增长乏力，多个季度中粉丝数量处于停滞甚至减少状态。

视频内容形式多样、主题鲜明。中国自动化学会视频宣传包括弘扬科学家精神、前沿科技成果展示、学术活动、人物专访等多种内容和形式。中国城市规划学会围绕城市更新、国土空间规划、老旧小区建设、城市安全等重大议题开展系列传播。上海市科协依托上海市科协学术会议平台，聚焦新冠病毒的变异与溯源等问题，积极参与社会治理。山东省科协主要内容集中在党史学习教育、弘扬科学家精神、科学普及、前沿科技等方面，设置"强国有我""科技人物""黄河画卷""科学防疫""全国科技工作者日"等合集。北京市科协组建科学传播专家队伍，开展科技新闻传播、领导讲话和精神传达、科技工作者人物宣传，注重价值引领并紧跟科技热点。重庆市科协从选题出发，研究适合抖音算法的选题内容，优化文案；提高更新频率，吸引更多人群关注；在评论区加强与粉丝互动，增加用户黏性。广西科协结合少数民族特色，开展政策相关解读。

（六）其他平台传播特色互补，形成传播合力

其他平台在各个单位的网络宣传工作中同样发挥重要作用。除针对以上5个平台开展评价分析外，每季度还对微信视频号、澎湃号、学习强国号、人民号等超过20个平台的数百个账号开展评价分析，每季度总发布量超过2万篇。以下分析展示部分有代表性的其他网络平台的传播特征。

微信视频号与官方微信（微信公众号）开展联动宣传，成政务宣传新阵地。2020年以来，超过30%的单位开通微信视频号，重视度逐渐加强，累计发布超过3000个视频。北京市科协、上海市科协等省级科协发布"喜迎二十大 建功新时代""弘扬科学家精神""全国科技工作者日""最美科技工作者""全国科普日"等相关内容，积极开展政务宣传。中国测绘学会等全国学会发布内容集中于行业会议等活动宣传。

全国学会开通B站号相对较多，主要进行活动传播和科学传播。B站以中长视频内容为主，截至2022年12月，有42个全国学会开通B站号，7个全国学会粉丝量超过1万。中国汽车工程学会有10.4万个粉丝，在2022年全国科技工作者日邀请欧阳明高、倪光南、尹浩等院士寄语青年科技工作者，相关视频播放量均超过1.2万次。中国生物物理学会有10.6万个粉丝，累计发布134个视频。中国地震学会于2021年9月开通B站号，获19.6万次点赞。

短视频和直播是快手号的主要宣传形式。截至2022年12月，有20个单位开通快手号，全国学会13个，省级科协7个。2020年开通快手号的中华中医药学会和中华预防医学会表现突出，粉丝量分别为12万和10万个，但2021年和2022年发布量下降，发展趋缓。部分原因在于视频制作投入较大，行业活动受疫情等因素影响，发布量不稳定。

第四章　中国科协网络平台传播
效果评价的实践意义

本章总结中国科协网络平台传播效果评价实践开展三年多以来的工作成效，梳理各单位在网络平台宣传传播力、引导力、影响力、公信力四方面的经验，分析研究评价单位在网络宣传阵地建设、宣传内容生产、宣传机制保障等方面存在的不足，提出建议。

第一节　传播效果评价经验总结

通过评价结果和调研发现，中国科协网络平台传播效果评价表现较好的单位，在网络平台资源配置、功能定位、内容生产、传播效能、平台监管等方面，都有各具特色的经验和做法。

一、平台定位是前提，内容生产是基础，资源配置是保障

根据汇总分析，各单位的传播力建设主要表现在平台建设能力、内容生产能力和资源配置能力三个方面。

（一）系统规划网络平台定位和协同功能，有效提升传播效能

调研发现，在评价中传播力表现较好的全国学会和省级科协，大多对网

络平台的受众定位和宣传策略有较为清晰的规划和认知。在各网络平台运营的归口部门和针对不同平台采取不同宣传策略两方面均有体现。

网络平台的不同运营管理部门设置，明确了宣传效果预期。全国学会的网络平台运营管理部门主要集中于秘书处、办公室、信息中心、科普部、学术部、会员发展部、品宣部等部门，对宣传工作人员的配置，有内部人员和外部委托两种形式。省级科协网络平台的运营部门主要集中于信息中心、调宣部、组织宣传部、科普资源服务部、科普宣教中心、科技工作者服务部、科学传播中心、省级报社等部门和机构。综合来看，官方网站大多由办公室、秘书处等有舆论监管和引导职能的部门管理；部分单位官方微信与官方网站运营部门相同，部分由单独部门运营。抖音、B站、快手等视频平台，多由同一部门，尤其是偏科普功能的部门运营管理。大部分单位对不同网络平台的功能定位和传播预期有一定规划，官方网站和官方微信是开展政务宣传的主阵地，视频平台倾向于科普传播。

明确各网络平台定位，采取不同宣传策略开展协同传播，触达更广泛的目标群体。部分单位针对不同网络平台类型，采取不同的定位和策略。中国汽车工程学会官方网站、官方微信的政务宣传以图文信息为主，发布内容多集中于资讯、政策解读，视频传播以科技知识和科技资讯为主。中国自动化学会在视频平台以弘扬科学家精神、前沿科技成果展示、学术活动、人物专访等多种形式，有意识地针对年轻受众加强舆论引导。中国计算机学会除官方网站和官方微信传播外，微博、今日头条、B站、知乎、微信视频号也同步发布相关信息，对"中国计算机大会（CNCC）""CCF颁奖典礼"等重大活动，通过爱奇艺、B站、微信视频号等多平台开展直播。

（二）调动信息资源建立激励机制，提升原创内容生产能力

全国学会和省级科协的网络平台稿件来源呈现不同特点。全国学会稿件和信息来源，集中于本级学会、专委会、中国科协、部委、主管单位、分支机构、会员单位、理事单位、学会期刊、挂靠单位、主流媒体、行业媒体、行业权威部门、政府网站等渠道，信息多元灵活。省级科协的信息来源，集中于中国科协、科普中国、本级科协、省级学会、地市县科协、科协基层组织（包括企业科协、高校科协、乡镇科协、街道社区科协、农技协）等科协系统内单位，同时兼顾本省官方媒体等渠道和科技工作者相关资源。

充分调动系统内外的信息资源体系和传播渠道，建立稿件报送机制，确保信息发布数量的稳定性。广西科协按信息采用平台、栏目、类型等采取相应的激励手段，政务稿件来源覆盖面广、内容丰富、深入基层组织。涉及本级政务活动的信息要求自行采编，力求原创。新疆科协在建立健全信息宣传、信息报送等制度的基础上，积极探索信息宣传工作的长效机制和激励机制，推动信息宣传工作深入发展；同时加强宣传队伍建设，加强业务培训，以研讨会、培训班、外出参观学习等形式，不断提高信息宣传人员综合素质。山东省科协设立以调宣部为责任部门，以山东省创新战略研究院为主要运维力量，以各省级学会、各市科协等基层科协宣传信息员为支撑的网格化网络宣传工作队伍；每年开展宣传信息员培训班，加大专题专业培训力度，开展宣传信息员年度评优。

（三）宣传能力与宣传队伍配置具有较高的相关性

通过对各单位网络平台宣传人员投入、归口管理部门和资源利用情况的调研发现，宣传人员配置数量较多的单位，开通的网络平台数量也相应较多。全国学会网络平台宣传人员配置人数以1～3人为主，4人以上占15%。中国人工智能学会、中国通信学会、中国汽车工程学会等学会人员配置超过6人。中国城市规划学会、中国人工智能学会、中国汽车工程学会等学会开通10个以上网络平台，运营体系健全，图文平台和视频平台均有专人负责。人员配置较少的全国学会，呈现出发布量低、宣传力度不强、宣传形式单一等特点。32个省级科协平均配置人数约5人，其中北京市科协的人力投入较为突出，开通12个网络平台，配置专职团队运营，宣传工作机制完备、信息发布及时、议题设置丰富多元。

二、强化宣传思想价值引领，推进制度建设

各单位的引导力建设经验，主要体现在宣传思想的价值引领、重要议题策划和联动宣传、宣传形式的创新三个方面。

（一）加强制度建设，强化思想引领，落实主体责任

高度重视网络宣传思想工作，将宣传工作纳入年度重要规划。山东省科协成立意识形态和宣传思想工作领导小组、网络安全和信息化领导小组，把加强和改进网络宣传思想工作作为党组重要议题，把网络宣传思想工作同加强科技工作者思想政治引领、强化科技人才联系服务、推动科技经济融合及科协自身建设等方面紧密结合，树立大宣传工作理念，构建大宣传工作格局。

严格落实主体责任，严把各网络平台信息发布关口，制定相应管理细则。有67个全国学会和24个省级科协在调研中提交了管理制度和办法相关材料。中国人工智能学会、中国材料研究学会、中国高等教育学会等学会制定了意识形态责任制和工作管理相关文件。中华中医药学会、中国地理学会、中国有色金属学会、中国水土保持学会等学会从价值引领、信息保密、宣传工作考察、舆情处置等多方面出台文件。省级科协制定的管理办法中，网站管理、网络和信息安全相关的规则和办法已成为"基础配置"，重视度高。

（二）提前策划年度重要议题，强化价值引领和联动效应

提前策划年度重要议题，与中国科协、行业主管单位、省级部门联动宣传，加强上级精神贯彻和重要议题宣传。河南省科协在全省科协系统宣传思

想工作摸底统计基础上，建成全省科协系统宣传工作服务微信沟通群，重要议题通过微信群进行协同联动，合力共推。中国城市规划学会在全国两会期间，会前系统策划相关专题，分会前、会中、会后三阶段开展宣传工作，在宣传内容和宣传形式上，提前策划制作专题、视频、直播等多种形式宣传素材，强化提升传播资源利用效率。北京市科协提前策划《北京市全民科学素质行动规划纲要（2021—2035年）》、北京"最美科技工作者"学习宣传活动、北京市科协第十次代表大会、北京科技交流学术月等重要议题和活动宣传，生产系列报道和宣传产品，原创作品比例进一步提升。针对2022年7月召开的北京市科协十大，北京市科协推动成立十大宣传工作组，年初即开始投入各项筹备策划工作，并贯穿大会始终。

（三）创新宣传内容和形式，扩大主流思想舆论辐射范围和影响力

以多元化创新形式开展党史学习教育、弘扬科学家精神等重要议题宣传，加强宣传思想价值引领。2021年共评价了20项上级精神贯彻和重要议题参与情况，各单位围绕党史学习教育、为群众办实事、中国科协十大、建党100周年讲话等内容积极开展宣传，其中党史学习教育议题全年累计发布3万多篇。全国科技工作者日议题的宣传表现也较为突出。每年5月的全国科技工作者日，是中国科协系统宣传工作的年度重要内容。2022年，各单位提前规划，积极举办相关活动致敬科技工作者，弘扬科学家精神。"众心向党 自立自强——党领导下的科学家"主题展在中国国家博物馆举办，各省市科协也纷纷开展巡展和联动宣传。福建省科协等单位举办"众心向党 自立自强——党领导下的科学家主题展"巡展活动，大力弘扬科学家精神，营造浓厚节日氛围。上海市科协举办"众心向党 自立自强——党领导下的科学家主题展"上海数字巡展活动。北京市科协、浙江省科协、江苏省科协、宁夏科协等单位除举办本省市的线下巡展活动，官方网站链接"党领导下的科学家云展览众

心向党 自立自强"云展览专题实现联动宣传。

三、多措并举扩大受众范围和受众规模，提升用户黏性

对各单位提升影响力经验的提炼，主要体现在扩大影响不同受众的能力、线上线下联动宣传扩大用户规模、吸引用户关注增加用户黏性等三个方面。

（一）持续扩大传播范围，提升对不同受众的辐射力度

扩大传播范围的过程，也是针对不同受众不断扩大网络平台影响力的过程。评价表现突出的单位，积极探索网络平台联动传播。中国营养学会以各项重大活动宣传为切入点，针对科技领域热点问题开展舆论引导，联合主流媒体打造优质原创宣传产品。北京市科协积极协同北京科技报社、"数字科协"专班，提供内容和技术支撑；同时加强与北京市学会、区科协、基层组织的宣传联动，与市广电局矩阵、市学会、各区科协等互开白名单，主动链接主流媒体，进一步扩大网络传播范围。浙江省科协组建"浙江科学传播融媒体联盟"，组织《都市快报》、浙江经视等传统媒体，浙江在线、华数传媒等新媒体和今日头条、网易等互联网平台，联动打造网络宣传新阵地；同时组建"浙江省记协科技新闻工作者委员会"，借助主流媒体网络平台扩大宣传效果。新疆科协保持与媒体之间"战略伙伴"关系，联合新疆广播电视台、《新疆日报》等主流媒体，开展重大活动、重点工作、特色工作的宣传报道。

（二）线上和线下开展联动宣传，巩固和扩大用户规模

以线下活动为导流入口，以线上直播、短视频等形式吸引更多用户关注和参与。中国城市规划学会自2020年以来，加大线上学会建设力度，通过"规划年会"实现线下6000人的参会热度和2000万的线上流量热度；2021年的"西部之光"活动，通过线上直播产生超过之前1000人线下规模20倍的参与率，覆盖所有西部规划院校。中国康复医学会在第七次全国会员代表大会线

下会场展示的《奋进的足迹——中国康复医学会第六届理事会工作视频片》，在网络平台进行二次传播，通过链接互访、流量互通，实现超过2.4万人次的播放量。北京市科协官方网站设置"北京科学嘉年华"专题，以视频宣传为主，聚合了科学家精神、科学教育、科学实践、科技创新、科学文化、首都科普联合行动、科技馆之城、北京科技周、北京社会科学普及周等2022年活动，专题网页总浏览量超过73万。重庆市科协的公民科学素质大赛、科技英才庆建党百年华诞、全国科普日等线下活动，通过抖音等平台的线上直播和短视频宣传，让更多公众享受"永不闭馆"服务，"云"享北京科学嘉年华之旅，扩大和提升了活动的受众影响范围。

（三）以用户需求为导向开展平台运营，增加用户黏性和忠诚度

部分单位注重研究用户结构和用户需求，以此为导向开展策划、信息发布和用户互动，持续增加用户黏性和忠诚度。在信息发布之前、内容策划之初，就以吸引更多用户关注和参与为导向。在信息发布之后，注重与用户的互动，并开展用户调研和监测，通过数据分析和用户反馈，找到影响力提升途径，强化宣传效果。中国自动化学会建立"周总结、月分析"工作制度，依托微信后台信息分析用户特征，绘制每周用户增长、阅读量变化动态趋势图，精准定位用户兴趣偏好；阶段性面向广大科技工作者开展问卷调查，并在微信设置"意见投递"专区；定期线下邀请微信忠实用户参加兴趣活动，增强与用户联系、建立社群，实现垂直运营。上海市科协每周通过官方微信固定栏目邀请用户参与竞猜活动，或利用市科协举办的活动，以提供参与名额吸引用户；运维团队根据每月内容数据分析用户兴趣点，根据文章阅读量、转发率确定内容选题方向，以此提高各平台整体阅读量和用户关注度。

四、前端注重内容审核，后端严格防范舆论风险

各单位网络平台的公信力建设经验主要表现在严把信息"出口"，信息发布前严格审核，发布后及时关注受众的反馈和意见。

（一）信息发布前端建立严格的内容审核和网络平台管理制度

各单位贯彻落实主体责任，严把各网络平台信息发布关口，纷纷制定相应管理细则。大部分单位制定了与信息管理、信息发布、信息审核相关的文件。中国自动化学会制定出台《中国自动化学会新闻发言人制度》，从主题内容、制作流程、审核标准等方面严把"选题关、内容关、流程关、嘉宾关、现场关"，形成"编辑—责任编辑—新闻发言人"三级审核制。中国汽车工程学会稿件在学会网络平台发布均依据"新闻不过夜""业务直属秘书长审核"的原则进行发布。江苏省科协严格执行信息发布责任制，根据不同信息来源和发布平台、栏目，设计相应审核流程，确保政务信息平台的政治性、准确性和权威性。山东省科协出台了《山东省科协网站管理办法》《山东省科协宣传工作管理办法》《山东省科协网站信息发布管理办法》《山东省科协网络媒体平台"三审三校"工作规则》，严格执行信息发布"三审三校"工作机制，严把各网络平台信息发布的来源关、审核关、签发关、发布关；围绕舆情应急，建立日常巡查机制，甄别隐患、防范风险。新疆科协先后制定《新疆科协审读工作办法》《新疆科协网络与信息安全应急预案》等文件，严把各类信息发布、审核、审读关口，加强网络安全防范。

（二）信息发布后端建立舆情监测和网络安全管理制度

中国人工智能学会、河南省科协等单位制定了网络舆情监测处置相关管理办法，主要有常规网络舆情应对处置、重大突发事件和敏感问题网络舆情处置两类。中国人工智能学会制定《中国人工智能学会风险防控制度》等监管制度，成立人工智能治理与伦理工委会，从组织机构层面加强舆论风险

监管。北京市科协采用人工与系统双重审查机制，人工每日巡查网站，系统7×24小时监测，检查识别平台宣传文本、图片、音频、视频是否存在舆论风险内容。2022年全年形成周报50份、月报12份、专报4份。河南省科协研究制定《河南省科协网络舆情应急处置预案（试行）》，对网络平台建设和宣传工作提出明确要求、作出具体规定。

第二节　传播效果评价工作成效

通过三年多的宣传评价实践工作，中国科协的网络平台宣传工作已逐渐奠定良好基础，越来越多的单位有意识通过宣传评价发现自身优势和问题，主动参与到"以评价促宣传"工作体系中。价值导向作用逐渐显现，有效引导科协系统网络平台宣传工作进一步提升。

一、价值引领效果显现，督促强化履行意识形态主体责任

加大价值引领指标权重，进一步引导科协系统履行意识形态主体责任和科学传播社会责任。基于不同阶段贯彻落实中央有关工作指示精神的要求、科协重点工作重大活动，动态设置引导力内容，采用"一票否决制"，引导科协系统不断聚焦靶心，强化对科技工作者的思想价值引领。2022年各单位围绕学习贯彻习近平总书记重要讲话精神、党史学习教育、全国两会、全国科技工作者日、全国科普日分别发布稿件6300篇、11000篇、1175篇、3100篇、3700篇。

严格落实主体责任，纷纷制定了相应管理细则。全国学会和省级科协围绕落实意识形态工作责任制、平台管理、内容审核等内容出台多个相关管理办法，严把网络平台信息发布关口。《中国有色金属学会意识形态工作制度及

风险防控制度》《中国造船工程学会网站及微信管理办法》《上海市科协网站、微信、微博、抖音等互联网平台内容管控工作制度》《山东省科协网络媒体平台"三审三校"工作规则》等文件制度使各单位的网络平台宣传工作更加规范。

二、宣传评价工作指导性日渐凸显

通过持续发布宣传评价榜单，宣传评价工作在科协系统的影响力日益提高，宣传评价的指导性逐渐显现。各单位以网络平台宣传评价作为发现自身问题和工作提升的重要手段，参与宣传评价工作的积极性不断提高，促进引导科协系统不断加强网络宣传阵地建设。2020—2022年，有50多个单位咨询评价结果等相关情况，中国科协信息中心开展了100余次咨询回复指导意见。

三、搭建上下联动的宣传矩阵，形成合力态势

通过评价工作的持续开展，有效引导科协系统网络宣传平台向更多、更广、更新发展，初步形成了上下联动的网络宣传矩阵。通过对发布内容数量、质量和新媒体运用等评价指标的统计分析，各单位积极拓展新媒体传播途径，平台数量、总发布量、受众覆盖广度和深度均有提升。从平台新增数量来看，微信视频号和抖音开通量占比最多；从活跃度来看，抖音、B站等视频平台更新率、发布量提升显著。持续动态调整和优化评价指标，认真总结"以评促建"的工作经验，围绕党和国家工作大局和科协重点工作重大活动、特色工作，强化系统内各单位网络平台的联动宣传。提升网络平台宣传水平，不断深化评价工作与网络平台宣传工作的融合。

搭建上下联动的宣传矩阵，形成比学赶帮超的合力态势。一是根据榜单设置导向推动平台建设。中国城市规划学会致力建好平台、坚持用好平台、严格管好平台，总榜多次进入全国学会第一名；中国人工智能学会、中国康

复医学会等学会排名提升，多个榜单进入前十名，领导层更加支持宣传工作，分会报送积极性提高，形成良性循环；山东省科协2021年重启微博、今日头条宣传工作，开通抖音号，2021年二季度开始总榜持续排省级科协第二名。二是加强内部协同和外部联动。北京市科协提升政务新媒体运营力量，将宣传工作前置，所有部门都参与宣传，所有工作都有宣传，宣传工作"大格局"成效初步显现，三年年度榜单持续排省级科协总榜第一名；陕西省科协等单位加强与排名靠前单位的对标参照和交流。

第三节　传播效果存在不足与建议

基于评价和调研分析，本节梳理中国科协系统网络平台传播效果存在的不足，提出对策建议，为中国科协系统提升网络平台传播效果提供参考和借鉴。

一、传播效果存在不足

（一）平台账号规范管理不足

《互联网用户账号信息管理规定》要求互联网信息服务提供者履行账号信息管理主体责任，建立健全并严格落实真实身份信息认证、账号信息核验、信息内容安全、生态治理、应急处置、个人信息保护等管理制度[①]。部分单位账号有长期不更新的"僵尸号"，账号注册或认证主体不规范；内容表述错误、信息发布不及时；更新频率不高，功能异常等。

---

① 中国政府网网站.国家互联网信息办公室令第 10 号.互联网用户账号信息管理规定[EB/OL].（2022-06-27）.http://www.gov.cn/gongbao/content/2022/content_5707282.htm.2022 年 8 月 1 日起施行.

（二）视频平台生产能力不足

视频平台在吸引新用户关注、增强用户黏性方面具有优势，但发布量不高。评价数据显示，全国学会和省级科协每发布1个抖音作品，平均增加的粉丝数、点赞量均高于微博和今日头条，但抖音发布量不及官方网站、官方微信的5%，不及微博、今日头条的20%。部分前期增长较快的抖音号持续投入不足，视频生产专业性高、缺乏人才支撑、邀请专家等投入成本大是主要原因。

（三）头部账号示范效应不足

科协系统的网络平台宣传矩阵中，粉丝量大、宣传阵地稳定、宣传效果好的头部账号具有重要引领和示范效应。目前全国学会、省级科协宣传平台缺乏有影响力的头部账号，粉丝量呈金字塔结构，高于50万的头部账号不足5%，尾部账号居多，约60%的抖音、65%的微博、70%的今日头条粉丝量不足1万，在增强内容吸引力、提高受众互动水平和用户黏性方面，还有较大提升空间。

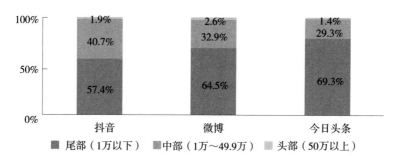

图21　全国学会和省级科协抖音、微博、今日头条2022年12月粉丝量结构

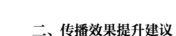

二、传播效果提升建议

（一）强化账号和内容管理，加强意识形态监管

进一步强化宣传评价的监督功能，引导督促各单位切实履行意识形态主体责任和科学传播社会责任。加强以本单位名称命名或认证的平台账号管理。账号身份层面，确保认证主体正确、名称一致或归口明确；平台矩阵层面，及时关注和清理"僵尸"账号；内容层面，杜绝错别字、内容表述错误、政治表述错误、虚假和不科学内容，确保更新频率、服务功能正常。提升头部账号宣传影响力，不断提高中国科协系统网络平台的传播效能。

（二）持续强化价值引领，进一步发挥评价指导作用

引导力建设应兼顾价值引领和宣传效果。在宣传工作策划方面，各单位可针对年度重要宣传议题，按年度、季度、月度提前策划宣传重点和宣传进度，各部门明确分工，建立协同机制。按照中国科协的相关工作要求，将进一步强化宣传评价工作的指导作用，积极开展与全国学会、省级科协的网络平台宣传工作经验交流和案例分享。建立反馈循环机制，强化网络宣传工作指导和服务；通过培训推动经验交流，提升网络平台宣传评价成效。

（三）建立健全平台宣传工作机制，加强沟通交流

加强构建在平台之间、目标、内容、形式、资源等层面的协同宣传机制，确保部门内、单位内、科协系统内宣传工作"一盘棋"。部分单位进行了积极探索，广西科协每季度召开评价动员会，根据榜单名次，总结经验、发现问题、寻找方法，明确阶段性用稿目标和宣传方向。北京市科协按照"一主强、部门特、多媒发"的工作思路，开展政务新媒体清理整顿，做精做细官方网站、官方微信、抖音、今日头条号等官方平台矩阵账号"北京科协"，同时，突出"科协频道""蝌蚪五线谱""数字北京科学中心"等特色账号优势，

形成"1+3"传播体系；启动融媒体专报机制，每半月制作融媒体建设专报，呈送市科协领导，并向区科协、市学会发布，共享宣传资源，推动优质宣传资源下沉基层；与媒体建立战略合作关系，扩展宣传范围；在《中国科学报》《新京报》等成立科协组织，提升科协组织美誉度。

第五章　中国科协网络平台传播案例

随着评价工作的深入开展，中国科协系统上下联动的网络平台传播矩阵建设初见成效。本章选取部分单位开展问卷调研和案例征集，通过梳理分析汇总，提炼部分有代表性的网络平台账号、重要议题和重大活动宣传案例。本章案例材料基于评价实践工作积累和报送案例材料汇总整理而成，仅作为本书研究参考使用。

第一节　七个全国学会和七个省级科协网络平台传播案例

网络平台的综合传播能力建设是一项系统化工程，通过评价分析发现，自2020年4月中国科协印发《中国科协关于进一步加强网络宣传平台建设方案》以来，科协系统认真贯彻落实相关文件精神，结合单位自身情况和行业特点以及资源配置实际情况，探索形成多元化网络平台传播矩阵。

一、中国城市规划学会：用好网络和新媒体平台塑造组织形象

中国城市规划学会（Urban Planning Society of China,UPSC）作为联系全国规划科技工作者的群团组织，从顶层设计上提出"实体UPSC"和"虚拟UPSC"同步发展的总体思路。特别是2020年以来，中国城市规划学会加大线上学会建设力度，网络平台宣传工作在整体思路上聚焦"举旗帜、聚民心、

育新人、兴文化、展形象"五个方面，具体举措上强调"致力建好平台、坚持用好平台、严格管好平台"。

（一）整体思路聚焦"举旗帜、聚民心、育新人、兴文化、展形象"

举旗帜，既注重维护中央权威，详解时政要闻，又强调传导政策精神，体现专业特色。学会网络平台建设始终坚持党建统领，积极营造风清气正的网络空间。每个网络平台在栏目或专栏设置上都强调党建内容，学习强国号设置"人民城市"等专栏，及时广泛宣传习近平新时代中国特色社会主义思想；官方微信设置"党建"专栏，同时聚焦规划学科与行业，宣传城市规划相关的国家大政方针和部委决策；澎湃号是规划界面向公众的专业平台，围绕城市和规划行业热点，充分发挥学会智力优势，传递规划学术声音，展现学科特色，推动全民科学素质持续提升。

聚民心，走好"网上群众路线"，发挥网络传播"互动、体验、分享"优势，服务科技工作者、服务民生。2020年，学会建设了国内首个规划直播平台v.planning.org.cn，在108家规划单位参与的"2020中国城市规划学术季"活动中，先后有70万人登录规划直播平台参加学术季各项活动。学会向全社会广泛征文，积极回应网民关切、解疑释惑，对建设性意见及时吸纳，对困难及时帮助，对不了解的情况及时宣贯，对模糊认识及时廓清，构建网上网下同心圆，实现服务民生的目标。

育新人，在网络平台上开展新探索。学会连续五年表彰优秀党员科技工作者，在重大场合为"最美科技工作者"等科学家颁奖，大力弘扬科学家精神，激励和引导广大科技工作者争做重大科研成果的创造者、建设科技强国的奉献者、崇高思想品格的践行者、良好社会风尚的引领者。弘扬党员规划科技工作者的爱国精神、创新精神、求实精神、奉献精神、协同精神和育人精神。通过在网络平台强调立德树人、以文化人，加强和改进网上正面宣传，深化习近平新时代中国特色社会主义、中国梦和社会主义核心价值观网上传播力度，持续开展正能量典型网上宣传推送，用社会主流思想价值和道德文化滋养人心、滋润社会。

兴文化，在内容生产过程中加强价值传递，始终保持行业领先，网络平台的影响范围远超出传统规划科技工作者队伍。学会网络平台发布内容贯彻"内容至上"的思路，及时提供更多真实客观、专业性强的信息内容，掌握舆论场主动权和主导权。2022年北京冬奥会期间，学会以"中华文化、北京冬奥、规划传承"为关键词，深度剖析和大力宣传冬奥文化、首钢工业遗产、永定河人文历史、长城风貌带等城市文化，从规划视角讨论各个赛区的设计以及背后的文化故事，坚持网络文化为民、利民和惠民的人民性原则，树立精品意识，增加新媒体平台文化内容的有效供给，提升学会产品和服务的质量。

展形象，新媒体平台注重在国际社会展示中国科技社团形象。学会英文官方网站于2021年5月30日正式上线，对外介绍中国规划理论及实践领域的发展动态，以及规划学术上的研究；展现中国规划行业参与国际交流的成果，为广大海内外学者探讨中国的城市化和规划问题提供高水平学术平台；增进国际社会对中国规划学科和行业的了解，促进国际交流与合作，推动中国规划在世界范围影响力的提升。

（二）工作落实着力建好平台、坚持用好平台、严格管好平台

学会围绕"党政要闻、规划行业、规划学科、规划科普"四个板块内容开展宣传工作，发布党和国家大政方针，及时向规划科技工作者发布行业动态，向公众宣传我国规划领域的最新动态和发展趋势，在推动学术繁荣的同时引导舆论。

致力建好平台。学会目前已建成"中文官方网站、英文网站、规划年会网站、规划直播网"4网、"手机wap端"1端、"微信、微博"2微、"抖音、B站、微信视频号、规划直播视频平台"4个视频平台、"学习强国、澎湃号、今日头条、百家号、人民号、搜狐号、网易号、知乎"等多个新媒体账号的全媒体矩阵。各类平台线上用户截至2022年底合计234.9万，2022年度发文5209篇，综合访问量6758.1万次，官方网站、微博以及澎湃号阅读量破1000万次/年；微信阅读量400万次/年，2022年内阅读破万的文章超过1500篇。

坚持用好平台。学会整合自身资源以及优质外部资源，力求建成规划领域的开放、共享、服务平台，保证速度、深度、广度、浓度"四个度"的品质。速度方面，推送信息以小时为单位抢抓新闻；深度方面，始终将全国的权威规划专家团结在学会周围，为学会推送的信息质量提供支撑和保障；广度方面，推送内容不限于原有学科范畴，努力适应城市时代下大众对美好生活的向往诉求；浓度方面，积极回应时代要求和民众诉求，围绕城市更新、国土空间规划、老旧小区建设、城市安全等重大议题开辟系列高质量报道。依托强大资源保障，学会官方网站已逐步成为规划行业门户网站，每年访问量超千万。

严格管好平台。学会全媒体平台矩阵建设坚持贯彻四大原则，始终强调党建统领，牢牢把握对宣传思想工作的领导权，积极营造风清气正的网络空间；贯彻"先地下后地上"的思路，搭建了一系列后台操作系统，保证各平台安全稳定通畅；贯彻"内容至上"的运作机制，及时提供更多真实客观、专业性强的信息内容，掌握舆论场主动权和主导权；建立"目标导向、不断创新"的维护机制，关心老百姓的身边事，贴近老百姓的生活实际，让专业声音回应百姓诉求。

二、中国人工智能学会：弘扬科学家精神，打造科学文化传播精品

中国人工智能学会有覆盖智能科学与技术领域的58个分支机构，通过学术研究、国内外学术交流、科学普及、学术教育、学术出版、人才推荐、学术评价、学术咨询、技术评审与奖励等活动促进我国智能科学技术发展，为国家经济发展、社会进步、文明提升、安全保障提供智能化科学技术服务。

学会有官方网站、官方微信、微博、抖音、B站、央视频号、今日头条号、西瓜视频、网易号、百家号、微信视频号等平台。除以上平台，学会还建立了英文网站、数字图书馆、会员服务微信、英文微信、科普云等宣传矩阵。截至2022年12月，官方微信运营8年，发布稿件2258篇，总关注人数20.8万；今日头条号运营6年，发布稿件2405篇，总关注人数54.8万，总阅读量211.6万次。

（一）基于不同受众特点和展示形式，加强传播力建设

学会针对不同平台的传播特质，对相同内容的展现形式进行转化，保障账号活跃度，开展精细化运营。多个平台下设50多个栏目，利用不同平台属性对内容进行打磨。采用新闻报道、图文直播、视频直播、视频回顾等多种形式融合报道，打造了多个现象级传播案例。学会各多媒体平台原创内容主要来源于学会、分支机构、会员的最新动态以及学会期刊、活动报告等，包括活动举办、通知公告、会员荣誉、会议报告等。此外，学会还制作了AI科普微视频、"跟我学AI"等科普栏目，满足学会会员、智能科技工作者、学习者等日常学习所需。

（二）多维度丰富传播内容和层次，注重引导力建设

学会宣传内容分为学会动态、分支动态、党建强会、品牌活动、学术原创、科创中国、科普知识等几大类。在此基础上积极增加与国家科技发展战略、人工智能政策、科协动态、承接项目等相关内容，多维度丰富内容传播

层次。2021年，学会围绕党史学习教育、中国科协十大、建党100周年讲话、全国科技工作者日、全国科普日，2022年围绕党的二十大、全国两会、全国科技工作者日、全国科普日等多个重大节点进行统筹报道。活动前精心策划，活动中多平台精准推送，取得良好宣传效果。

（三）针对不同平台开展精细化运营，提升影响力

针对微信、今日头条等图文类发布平台，设计新颖文章标题，重点推送图文内容，在海报、图片的制作上下功夫；针对微博等短消息发布平台，精心策划相关话题标签，并注意保持与话题人物联动；针对抖音等短视频平台，制作分发视频内容，以新颖科普内容和科学话题吸引用户关注。截至2022年12月，学会多平台粉丝总量已超过75万。以扎实的专业原创内容为基础，学会不断进行精细化、个性化运营，使粉丝黏性大大增强。依托每年举办各种论坛、研讨、会议、讲座、培训、大赛等类别丰富的活动，学会的粉丝活跃度持续上升，宣传影响力同步辐射线上和线下。

（四）注重发布内容的科学性和引导性，强化公信力

学会提前规划发布内容，狠抓题材选取、稿件撰写、整理、编辑、排版等各个环节，成稿后经层层审核后发布。高度重视宣传工作人员的思想政治素养和能力培养，通过不断交流学习，强化筑牢宣传阵地。制定《中国人工智能学会风险防控制度》等系列监管制度，从制度约束强化实践约束；成立人工智能治理与伦理工委会，从组织机构层面提高舆论风险监管力度。

三、中国自动化学会：全媒体构建大数据宣传平台

中国自动化学会以"互联网+"集成学会优势资源，提升联通能力，构建以会员库为基础的学术交流平台、科学传播平台、宣传出版平台、科技服务平台、奖励举荐平台、科技评价平台，完善会员服务与管理系统、奖励系统、学术会议管理系统、分支机构管理系统、期刊采编系统、学科前沿动态监测系统。

学会在已有官方网站、官方微信、B站、抖音、爱奇艺基础上开通微信视频号、知乎和百家号，重磅打造CAA数字图书馆，推出CAA一站式研究生招生平台、CAA云学院，构建高效融媒体传播矩阵，打造以科技工作者为中心的科技服务和内容生产综合运营平台，实现学会信息平台与学会业务工作同频共振。2021年，为庆祝中国自动化学会成立60周年，在B站、爱奇艺等平台发布《少年》MV，微信视频号播放量4.8万次。

（一）凝聚科技人才，提升融合传播力和公信力

面向广大科技工作者、聚焦科技服务能力，学会深化两微一平台的广度与深度；对标国际，推进以英文微信号、英文网站为核心的对外宣传平台；顺应短视频发展潮流，加强建设抖音和微信视频号，不断扩展粉丝边界，实现内容多元化；抢抓"直播"风口，开通会议直播小程序，搭建以微信视频号为核心的线上直播平台，发展线上会议新业态；结合学会业务活动，加大B站、爱奇艺的运营力度，实现与学会工作同频共振；聚焦信息化与数字化建设，打造CAA数字图书馆，建设CAA云学院，为实现智慧学会保驾护航。

学会提升新媒体传播功能，使用抖音、微信、微博等新媒体平台，积极占领新兴舆论阵地；针对各新媒体平台特点，有针对性地打造原创宣传内容，注重运用生动活泼、通俗易懂的语言以及图表图解传达中央及上级政策；利用短视频、直播等公众喜闻乐见的视频形式轻松科普，传播自动化科学知识；借助重要活动或会议等契机，将线上宣传与线下品牌活动有机结合，集中展现科技成果、弘扬科学家精神、宣传科技服务社会生活，正确引导科技舆论，讲好自动化故事，传播好自动化声音。

学会制定出台《中国自动化学会新闻发言人制度》，从主题内容、制作流程、审核标准等方面严把"选题关、内容关、流程关、嘉宾关、现场关"，形成"编辑—责任编辑—新闻发言人"三级审核制，建立起学会全流程主导、服务团队技术支持、志愿者等社会力量广泛参与的运行模式。

（二）打造原创精品，提高舆论引导力和影响力

2021年以来，学会为凝聚广大科技工作者，加强思想统一战线，围绕建党百年、"十四五"规划、十九届六中全会、党的二十大、中国科协工作要点等时事要闻丰富"形势通报"栏目，强化互联网正能量内容创新和影响力传播，每年发布相关内容50余篇，阅读量近5万次。持续推进"口述历史""领袖企业"系列访谈，全面优化CAA线上讲座，精准实现各类会员学术会议需求，累计举办近200期线上讲座活动，通过学会融媒体平台传播弘扬科学家精神、推广学术资源，使内容更加鲜活、可读、可看、可视。注重对网络新媒体互动功能的开发和设计，与官方网站联动宣传，搭建CAA学习平台小程序，推出"百年荣光·薪火相传""匠心执守60载·智慧引领新未来"等专题学习答题活动。

图22　中国自动化学会开展"百年荣光·薪火相传"答题活动网页截图

2022年是中国自动化学会新甲子奋进之年，为打造线上科技工作者之家，学会持续强化数字化建设，重磅打造"CAA数字图书馆"和"CAA云学院"，

汇聚学会期刊、学术会议、图片、视频、PPT等于一体的线上学习平台，让广大会员实现足不出户畅阅自动化领域最新学术资源。全面升级官方微信，通过月度主题计划、推广等，实现总阅读量138.7万次，粉丝量增长21%，其中会员微信号粉丝增长实现115%。不断拓展线上直播平台广度，与知乎科技、百家号等深度合作，实现近百场会议实时直播，线上累计观看人数突破2500万次；加大视频平台运营力度，在各类视频平台发布517个视频，总播放量31.1万余次，粉丝总量增长115%。其中B站发布视频内容244个，粉丝量实现增长105%，播放量23.8万次，微信视频号发布百余个视频，粉丝量增长208%。

图23　中国自动化学会CAA数字图书馆网页截图

四、中国汽车工程学会：建强网络宣传阵地，推动汽车科技传播

中国汽车工程学会网络平台宣传工作以科技工作者为中心，围绕服务行业发展大局，将关于科技工作者的"四个面向"、关于科技创新的"五大任务"与学会宣传工作实际相结合，将指示精神转化为具体举措。及时准确发

布和转载汽车科技信息、行业相关重要活动新闻、科技工作者重要思想感悟等内容。网络宣传平台建设取得初步成效。截至2022年12月，中国汽车工程学会官方微信公众号粉丝8万，微信视频号粉丝6万，B站粉丝10.4万。2022年度官方微信涨粉1.5万，转发量4.6万次，原创率90%，阅读量74万次；微信视频号发布230个视频，累计播放量1740万次，涨粉4.8万；B站涨粉3.4万，累计播放量230万次。

截至2022年底，中国汽车工程学会个人会员21.7万人，年度新增会员8000人；关联单位超过5万家，其中会员单位1913家。围绕打造创新型数字化会员服务平台，开展学术会议、科普活动、知识中心、科创中国·汽车协同中心、科技创新社群、单位会员在线申请、汽车科技志愿者征集、水平评价、科技奖励、云展览、会议接待等系列数字化平台建设，实现学会业务与会员服务有效融合，为服务产业和科技工作者赋能，推动科技与经济融合。

（一）强化宣传能力建设，助力"十四五"良好开局

学会落实年度宣传计划，2021年通过网络宣传平台直播88场，观看人次超过6000万；发布学术、科普视频265个，阅读量超过8000万次；分享学术报告138个，官方微信发布稿件1200篇，阅读量67万次，打好汽车科技宣传主战场，做好线上线下业务与网络宣传平台的结合。聚焦推动会员服务会员理念，组织会员线上知识分享30场，助力团体会员发展，科技秀直播15场，主动策划全国科技工作者日、全国科普日等活动。同时深入开展以党史学习教育为重点的"四史"教育，在官方网站首页链接中国科协党史学习教育专题，官方微信转载发布相关内容50篇。充分利用自身宣传资源，快速响应、主动配合，参与到中国科协相关的新闻发稿、联动直播等工作中。

（二）丰富网络平台宣传渠道，更好发挥宣传平台效能

不同网络平台采取不同的运营策略。学会官方网站、官方微信等政务传播以图文信息为主，发布内容多集中于资讯、政策解读。微信视频号、B站等视频传播以硬核科技知识和科技资讯为主。为应对新时代网络细分领域赛道的冲击，强化专业分会、联盟作用、打造垂直领域载体，建设微信公众号子账号11个，发布稿件覆盖汽车科技热点领域。视频方面，重点围绕视频、直播新阵地，组织以微信视频号为主，B站、央视频为辅的视频网络宣传阵地，在微信视频号启动有学会特色的"会员分享"公益直播宣传品牌，邀请会员分享专业知识和汽车文化；在B站定期面向科技工作者开展视频征集活动，通过平台合作对优秀作品在曝光量方面提供扶持。

学会组织跨界别、跨学科、跨领域的专家和有关学者，全年围绕科技创新与科学普及等内容进行投放。强化与今日头条、微博、知乎、央视频、百度网络宣传平台的合作，借力打力，通过话题、标签运营进行联合推广。

（三）完善舆情监测，强化网络平台宣传评价

由网络部牵头成立40人的协同宣传组，学会所有稿件均依据"新闻不过夜""业务直属秘书长审核"的原则进行网络发布。宣传评价方面，以季度、年度为周期，舆情监测为核心，通过关键词检索、热搜监测、社交关系挖掘等方式形成周期性舆情简报，重大会议活动委托第三方进行监测，年度重大活动由专人负责协同内部资源、媒体，并完成活动舆情简报，实现对自身网络平台宣传评价；通过"微信指数"平台监测关键词在微信生态内的热度，评价微信生态投入产出效果；把中国科协网络平台宣传评价的月度、季度评价结果作为参考，结合对内宣传影响力进行综合衡量。

五、中国康复医学会：把握新媒体传播优势与规律，提升网络平台宣传效果

中国康复医学会的官方网站和各新媒体平台主要发布康复资讯、学会动态、科普宣传、学术会议、培训公告等信息。官方网站于2019年8月改版升

级，访问率得到提升；2017年创建官方微信，截至2022年12月，关注人数9.1万人，2022年发布稿件817篇，创建图文合集13个、页面模板8个，基本涵盖学会各项业务，新增关注3.3万人；2020—2022年总阅读量不断提升，分别为52万、71万、91万。

此外，以总会为主体单位，帮助部分分支机构设置的17个微信公众号，连同总会官方微信形成的微信公众号矩阵，2022年累计阅读量172万次。2021年4月开通视频号，截至2022年12月累计发布视频201个，开展33次"对话康复"直播活动，累计观看人数7万余人；2021年底开通抖音号，截至2022年12月发布视频128个。学会信息中心配备专职人员承担各网络平台运营工作，宣传内容经驻会机构各部门及分支机构报送至总会审批通过后在相关平台发布。

（一）健全制度规范流程，增强网络平台传播力

学会成立信息化建设领导小组，设立信息中心，组建信息联络员队伍。制定《信息服务平台管理规定》《信息报送管理规定》，形成逐级上报、分级管理的信息报送和监管工作机制，确保网络平台信息保质保量。结合不同媒体传播特点，采取一稿多发、一事多宣的方式在多个平台以图文、短视频、H5等不同形式发布，实现宣传效果最大化。根据不同平台用户画像和属性生产不同内容，进行引流与信息推广，最大化满足公众的个性化、多元化需求。

（二）设置专栏突出重点，提升网络平台引导力

学会在官方网站及官方微信创建"康复服务行""最美康复科技工作者""'十四五'规划解读""党史学习教育""康复快讯""中央财政支持社会组织示范项目""分支机构动态"等20余个专题子栏目，为重点工作开展、重大事件宣传、学术会议、继教培训的组织实施提供重要网络平台宣传支持。在2022年全国科技工作者日、全国科普日活动期间，通过微信视频号及学会视频直播平台组织线上科普讲堂，累计观看量1434万次。

（三）创新思维灵活运营，扩大网络平台影响力

学会在分支机构成立/换届会议、学术会议、康复服务行活动等现场放置网络平台二维码，提升关注度。分析各网络平台用户类型，做好内容定位，获取粉丝持续关注；以方便粉丝参与、分享、收藏为原则制作高质量推文。官方网站、官方微信及分支机构微信矩阵、微信视频号联动运营，在官方微信文章末尾添加"阅读原文"链接，增加官方网站浏览量。分支机构公众号发布的原创科普视频，学会微信视频号同步发布并链接至分支机构公众号，学会微信公众号引用微信视频号的同时也链接至分支机构公众号，全面打通微信生态，实现多平台流量增长。

（四）关注舆情及时反馈，提高学会公信力

网络平台是中国康复医学会连接会员、康复科技工作者、社会大众的桥梁，公信力是学会赖以生存和发展的社会基础，也是学会品牌和核心竞争力的体现。学会按照信息发布制度，及时向会员和社会公开发布重大事件、重点活动、年度计划、分支机构成立及委员组成、表彰、奖励等信息。网络平台管理员每日查看网友留言并及时回复，将部分网友的意见、建议、疑问等上报信息化建设领导小组并针对性反馈结果，防止负面舆情发生。

六、中国抗癌协会：协会平台与媒体矩阵合力打造宣传品牌

截至2022年12月，中国抗癌协会及各专业委员会拥有网站、微信公众号共50个，平均每月发布信息千余篇，访问量超过60万次，关注人数37余万；APP（客户端CACA）建设栏目24个，年发布信息4200多篇，共有22个专委会在协会APP上开设云课堂，发布课程4779次，直播观看人次超过1亿。协会根据不同渠道的内容形式、传播特点与受众需求，建立了学习强国、健康中国、科普中国、央视频、人民日报客户端、人民日报健康客户端、光明日报客户端、腾讯新闻客户端、网易新闻客户端、搜狐新闻客户端、新浪看点、新浪微博、今日头条、百度、一点资讯、腾讯视频、搜狐视频、爱奇艺视频、抖音、快手、微视、西瓜视频等30多家网络平台媒体矩阵。

协会大多数网络平台由中国抗癌协会工作人员进行日常维护，视频类内容由专业团队拍摄剪辑成系列进行发布，同时同步到其他视频类网站。针对不同平台特点采用不同发布和互动形式，腾讯视频的短视频采用常态化发布，中长视频则成体系建立专题；B站的宣传侧重满足年轻人诉求，与UP主联动；新浪看点侧重将看点内容同步微博，与微博互动。重大活动则全媒体合作，联动宣传。

（一）多举措推动网络平台传播力建设

及时跟踪报道协会各项工作。对协会发起创建的品牌活动，如"4·15"全国肿瘤防治宣传周以及"2·4"世界癌症日、国际乳腺癌关注月、中国肿瘤学大会（CCO），2022年协会组织开展几百场各类学术交流活动。对组织编写的《中国恶性肿瘤学科发展报告（2021）》，与多个国际组织开展的双、多边学术交流活动，以及党建特色活动、学习等均进行及时报道。

具有雄厚的会员和专家队伍支撑，协会会员总数连年攀升，截至2022年已有会员42万余人。组建多学科的科学传播专家团队，积极参与协会科普宣传等活动。

建立通讯员队伍和制度。建立了覆盖全部92家分支机构、31个省（区、市）抗癌协会、102个团体会员单位的通讯员队伍，建立了信息报送制度和工作平台、工作群，每月公布信息工作排行，并将信息工作纳入年底考核。

（二）建立综合立体的传播矩阵品牌

协会在纵向上加强与各专业委员会、省市抗癌协会、团体会员单位微信群、公众号、网站的信息互通、交流与联动；在横向上加强同各大主流平台的深度合作，尤其活跃度高的开放性平台，搭建协会融媒体矩阵，已与300余家媒体建立广泛合作关系，包括合作共建栏目、作品系列、直播平台、共创活动品牌等形式，充分发挥专业媒体的内容生产和传播优势，携手共铸网络宣传品牌。人民日报人民号和健康号累计阅读量超过500万次。学习强国号累计发布图文、视频百余篇，总阅读量超过162万次。

（三）积极发挥行业学会的舆论引导力

协会建立的网站、微信和客户端，已成为协会政务宣传的第一发布渠道。协会网站2021年围绕党史学习教育、为群众办实事、建党100周年讲话、十九届六中全会、全国科技工作者日以及协会各项工作开展宣传。针对协会重点工作制作了2021年世界癌症日、2021年全国肿瘤防治宣传周、《中国恶性肿瘤学科发展报告（2020）》等专题，年发布量512篇。2022年针对世界癌症日、2022年全国肿瘤防治宣传周等专题，年发布量1173篇，年访问量300万余次，日均IP访问量8000余次。

七、中华中医药学会：凝心聚力，弘扬正能量

中华中医药学会积极拓展网络宣传平台，多方位宣传中医药文化。2020年7月新增抖音、今日头条、快手、B站平台的账号，截至2022年12月，抖音粉丝量32万，快手粉丝量12万，今日头条粉丝量3.5万。

（一）综合运用网络平台特点，构建中医药传播矩阵

中华中医药学会官方网站以服务学会战略发展为宗旨，落实学会业务需求为导向，是展示学会形象和传递行业资讯的重要窗口，2022年全年发布新闻、通知等信息360篇。官方微信主要推送学会动态、会议资讯、行业新闻、政策分析等图文消息，日均推送2篇，2022年共计推送图文838篇，共计吸引150万人次阅读；截至2022年12月，粉丝量17万，较2020年净增2万。抖音号、快手号主要推送中医药文化、疾病相关短视频，打造权威、专业、实用的中医药科普平台，传播中医药文化。借助行业媒体《中国中医药报》开展策划，加强学会宣传报道。2022年整合网络宣传平台，携手中医药领域专家，构建中医药传播矩阵，进一步提升学会品牌行业影响力和社会影响力。

（二）线上线下多元发力，深入开展党史学习教育

2021年，官方网站和官方微信设置"党史学习教育"专栏，全年累计推送党史相关内容375篇。组织党员干部认真学习指定书目以及习近平总书记最新讲话精神，做到及时学、跟进学；通过组织党委委员线上聆听中国科协党史学习教育动员部署会和专家讲座，组织秘书处党员干部参与网络培训、在线自测等方式提高学习成效；组织集中收看庆祝中国共产党成立100周年大会盛况并邀请延安干部学院专家解读习近平总书记在庆祝大会上的讲话，集中学习党的十九届六中全会公报并开展系列研讨交流，切实把思想和行动统一到中央决策部署上来；在官方网站和官方微信设置"党史学习教育专栏"，向中国科协《学会党建动态》《中国中医药报》、"中医药党建"报送稿件，加强宣传；开展"我为群众办实事"活动，肺系病、脾胃病分会等临床类分支机构党的工作小组组织专家赴贵州遵义、重庆彭水、广西百色、西藏林芝等地开展义诊带教、科普宣传等党建活动，为基层送去优质中医药服务，提高当地中医药服务水平，将学习成果落到实处。

（三）把握正确舆论导向，重视网络宣传效果

遵守《中华中医药学会信息发布管理办法》，严格执行内容发布审核制度，明确工作任务与责任。对发布、转载的内容明确要求注明来源，尊重新闻规律，规范传播秩序，确保真实、准确、完整传递政策精神，避免出现庸俗化、娱乐化内容。

学会鼓励原创内容的创作，动员学会秘书处、各分支机构、系列期刊创作优质稿件，实事求是、客观真实地反映学会、秘书处各部门、各分支机构、

系列期刊及各有关单位的工作动态，经责任部门领导及时报送学会信息部，审核通过后，在官方网站及相关新媒体平台发布。其中2021年12月31日，中华中医药学会联合中国中医科学院发布《2021年度中医医院学科（专科）学术影响力评价研究报告》，学会官方微信阅读3.4万次，总分享2736次，极大提升了官方微信影响力。

（四）开展中医药动漫形象推广和优秀中医药文化作品创作宣传，增强中医药文化传播力影响力

遴选出中医药动漫形象——"灸童"。建设中医药动漫形象库并进行开发。开发"灸童"形象及系列文创产品，设计制作了灸童毛绒玩具、单页夹、冰箱贴、明信片、灸童口罩、灸童帆布袋、灸童手办等文创产品，设计开发了灸童三维虚拟形象、16款灸童动态表情包、18款文创产品图库。

制作并播出中医药动画片《手指的魔法》，获得了2021年"金熊猫天府创意设计奖"，已在腾讯视频《中国好故事》栏目下播出，播放量2700多万。

制作并推出系列"灸童说"动漫短视频。重点打造以灸童为题材的动漫短视频，制作并推出《灸童说：社区防控的中医药"妙招"》《灸童说：中医药抗疫利器"三要三方"》《灸童说：中医药献给世界的礼物"青蒿素"》《灸童说：近视不可怕，科学防控有方法》4部动漫短视频，全面借助新媒体的传播力和影响力，让中医药动漫形象和作品以多种方式呈现，拓展抖音、微信等小屏幕传播途径。

推进中医药动漫设计推广项目。开展中医药AR漫画书编写、绘制、出版工作；进行中医药动漫形象"灸童"的三维建模工作；以中医药动漫形象"灸童"二维形象为主人公，创作中医药题材动画系列片。通过中医药文化小使者灸童将博大精深的中医药知识传递给观众，以动漫手段传播中医药文化。

八、北京市科协：融媒赋能，讲好北京科技故事

北京市科协宣传思想工作坚持以习近平新时代中国特色社会主义思想为指导，牢牢把握正确政治方向，聚焦政治建设、思想建设，强化价值引领、铸魂塑形，推动网络平台宣传建设工作取得新成效。

（一）健全工作体系，加强平台建设

北京市科协积极探索政务新媒体发展之路，坚持系统谋划、高位推动、全要素投入，推动成立市科协融媒体中心，构建适应全媒体生产链条的组织架构，为科协组织全媒体传播工作提供了新典范。

推动成立科协融媒体中心。2022年8月，市科协成立了宣传文化部，对北京科普发展与研究中心职能进行全面调整，为做强网络宣传工作筑牢了基础。聚焦数字赋能和协同创新，由宣传文化部牵头，北京科普发展与研究中心提供支撑，联合北京科技报社等专业机构组建工作团队，成立市科协融媒体中心。以《北京市科学技术协会网站管理办法》《北京市科学技术协会新媒体平台管理办法》等制度为依据，规范政务新媒体宣传报道秩序，推动账号资源整合、系统联动。同时积极协同市科协"数字科协"专班，搭建科学传播融媒体平台，为网络宣传工作提供技术支撑，为市科协网络宣传工作提质增效提供专业保障。

完善新媒体传播布局。北京市科协按照"一主强、部门特、多媒发"的工作思路，集中力量做强"北京科协"一个主账号，充分发挥部门账号的鲜明特色优势，通过多平台广泛发布传播。开展政务新媒体清理整顿，做精做细市科协官方网站、官方微信、抖音号、今日头条号等官方媒体矩阵"北京科协"，同时，突出"科协频道""蝌蚪五线谱""数字北京科学中心"等账号的特色优势，形成"1+3"传播体系，带动市科协新媒体矩阵多平台传播能力明显提升。在《北京市全民科学素质行动规划纲要（2021—2035年）》发布、

北京"最美科技工作者"学习宣传活动、北京市科协第十次代表大会、北京科技交流学术月等重要工作上进行资源统筹和顶层设计，生产发布了系列优质宣传产品，全面提高政务新媒体工作效能，提升了科协组织的社会形象。截至2022年12月，"北京科协"在微信、微博、今日头条号等新媒体平台的总阅读量突破1亿人次，微信公众号粉丝数量超过10万。

加强网络宣传思想工作。严格落实意识形态工作责任制，联合专业机构开展网络舆情监测，定期制作舆情周报、月报，及时关注科技界思想动态，实现对网络舆情的正确引导。

（二）聚焦重大主题，优化内容建设

加强思想政治引领。用心讲好习近平总书记对科技事业的关心、对科技工作者的关怀故事，围绕学习宣传贯彻党的十九届六中全会精神发布系列宣传报道，推动党史学习教育走深走实。举办首都科技工作者庆祝中国共产党成立100周年专场文艺演出，拍摄首都科技工作者歌曲传唱系列视频，营造首都科技界庆祝建党100周年热烈氛围。

图24 北京市科协官方网站的专题专栏页面截图

大力弘扬科学家精神。积极构建弘扬科学家精神平台和科学传播融媒体平台，为科协系统乃至全社会弘扬科学家精神和开展科学传播提供公共服务。把科学家精神作为科技工作者思政教育的核心，汇聚35家教育基地，建设首都科学家精神工作体系。建成全国第一个科学家精神宣讲团，开发一批科学家精神课程，推动科学家精神进校园（党校）、进场馆、进企业、上网络，形成弘扬科学家精神的生动实践。通过网络平台积极宣传报道首都优秀科技人物，讲述老一辈科学家的感人故事，宣传北京"最美科技工作者"等新时代科技工作者的典型事迹，推动科学家精神走向全社会。

策划重大主题宣传。2021年，北京市科协聚焦冬奥主题，组织举办了北京科学嘉年华"科技冬奥"宣传活动，"冰与雪之歌——科技让冬奥更精彩""科学"流言榜年度发布等重点活动，在全社会营造了良好的舆论氛围。2022年，市科协圆满完成十大宣传工作，实现《北京日报》连续重磅报道、新媒体矩阵广泛传播等"七个首次"，全景展示科协组织良好形象。第十二届北京科学嘉年华宣传聚焦特色亮点，全渠道推送，全网阅读量高达7.13亿次。

图25　北京市科协官方网站的专题专栏页面截图

（三）优化工作流程，完善机制保障

坚持建章立制，加强门户网站信息管理水平。北京市科协建立健全及时沟通、反馈、汇报工作机制，修改完善《北京市科协门户网站管理应急预案》《北京市科协网站内容审核制度》《北京市科协网络信息审核人员岗位责任制》等管理制度，提高了信息发布工作的专业化和科学化水平。

加强内容引领，提高政务信息质量。进一步严格信息报送要求，对市科协机关各部门、各事业单位，市学会、区科协报送信息的质量水平进行严格把关，由专业编辑对报送信息提出修改建议，不断提高信息内容质量。带动《北京日报》《科技日报》等主流媒体记者赴基层采风，推动优质宣传资源下沉，面向社会充分展示各级科协组织工作成果。

坚守信息安全，建立内容发布巡查机制。北京市科协官方网站采用人工与系统双重审查机制。全时段检查识别平台宣传文本、图片、音频、视频中的违规内容，及时发现问题并进行快速处理。全年形成周报50份，月报12份，专报4份。

九、山东省科协：坚持正确舆论导向，实现高水平科技自立自强

山东省科协2022年各平台精准聚焦，做实内容建设，呈现蓬勃发展之势，各网络平台发布信息超过1.1万篇，其中官方网站发布稿件3235篇，官方微信发布文章1433篇，抖音发布视频983个，今日头条发布文章2610篇，微博推送2180条。

（一）精确定位平台内容，实现精准传播

山东省科协加强网络平台建设，形成以官方网站为中心，以官方微信、微博、今日头条、抖音、快手5大移动端平台为辐射的"智媒"矩阵，成为山东省科协开展网络宣传思想工作的主要阵地。保持正确的政治方向、舆论导向、价值取向，精确定位内容、精心设置议题、精细打磨原创作品，实现精

准传播。

精确定位内容。山东省科协围绕学习贯彻党的二十大精神、党史学习教育、中国科协十大精神、全国科技工作者日、全国科普日等上级精神和重要议题，根据各平台的性质和特点刊发不同内容。官方网站主要发布"科协资讯、工作动态、研究交流、先进人物、视频图片、专题专栏"等内容，工作日日均推送信息10～15篇。官方微信主要转发省科协官方网站内容，设置"党史百年·天天读"等专栏，日均推送信息4～8篇。微博和今日头条日均推送信息8～12篇，开设"齐鲁最美科技工作者""花开齐鲁""党史学习教育""科技前沿"等栏目。抖音和快手主要发布"科普总动员""科学微访谈""'七一勋章'获得者""红色经典""齐鲁最美科技工作者""科普知识"等视频，工作日日均推送3～5个视频。

精心设置议题。设置"二十大时光""学习党的二十大精神""二十大报告读与解"等专题专栏，山东省科协与山东省委宣传部、省科技厅开展"齐鲁最美科技工作者"学习宣传活动，各市以"最美科技工作者"为抓手，积极打造科技人才宣传品牌，产生广泛社会影响。组织"科技报国红旗榜"系列宣传活动，集中展现广大科技工作者在科技进步、乡村振兴、经济建设等领域中作出的突出贡献。联合新华网、大众日报、山东广播电视台、大众网等媒体，加强科协组织人才服务、学术交流、科学普及、智库建设等工作的宣传报道力度，策划"喜迎中国科协十大""全国科技工作者日"等系列主题宣传。

精心打磨原创作品。2021年推出原创视频"科普总动员"，以青少年喜闻乐见的形式，传播科学知识，加强科普教育。同时，紧跟科技热点，设置航天科技专栏，宣传我国航天领域的最新成果。

（二）坚持正确舆论导向，彰显山东网络宣传特色价值

山东省科协通过设置专栏专题，拓展理论宣传普及，讲好习近平总书记对科技事业的关心、对科技工作者的关怀故事，激励科技工作者汲取奋斗力量。

加大对网络宣传工作的组织和领导。山东省科协高度重视网络宣传思想工作，成立宣传思想工作领导小组、网络安全和信息化领导小组等加强对工作的全面领导和统筹指导。把加强和改进网络宣传思想工作作为党组重要议题，把网络宣传思想工作同加强科技工作者思想政治引领、强化科技人才联系服务、推动科技经济深度融合及科协自身建设等方面紧密结合，树立大宣传工作理念，动员各级科协组织力量协同配合，进一步提升科协组织显示度和影响力，彰显科技工作者鲜明社会形象。

打造素质过硬的网络宣传工作队伍。山东省科协坚持以讲好山东省科技工作者和科技界的故事为导向，着力集成系统资源、创新宣传手段方式、打造宣传工作品牌，把加强网络宣传阵地建设作为提升新时期科协系统宣传工作整体效能和科协宣传工作传播力、引导力、影响力、公信力的主要渠道，纳入年度宣传工作要点。根据职能设置和工作人员力量配备实际情况，设立以调宣部为责任部门，以山东省创新战略研究院为主要运维力量，以各省级学会、各市科协等基层科协宣传信息员为支撑的网格化网络宣传工作队伍。调宣部每年开展宣传信息员培训班，加大专题专业培训力度，开展宣传信息员年度评优，激发工作热情和潜力。

建立一套行之有效的工作机制。山东省科协在工作机制、流程管理、应用推广等方面建立了一整套较为成熟的工作体系。针对缺乏专业宣传岗位和人员的现状，成立宣传工作部，注重发挥青年干部生力军作用，从科研岗位和期刊编辑岗位中抽选优秀青年干部组成宣传工作小组，每名成员负责一个网络平台的运维，与本职工作紧密结合共融共促；围绕有效落实宣传思想引

领工作责任制，起草了《山东省科协网站管理办法》和《山东省科协网站信息发布管理办法》，严格执行信息发布"三审三校"工作机制，严把各网络平台信息发布的来源关、审核关、签发关、发布关；围绕舆情应急，建立日常巡查机制，防范风险；为不断提高干部宣传思想业务素养，大力促进党建与业务紧密融合，建设学习型组织，支持干部参加有关宣传专业培训班。在2022年3月举办"宣传思想工作提升月"专项活动，通过集中培训、专家授课、调研参观、学习研讨等方式，有效提升干部职工的宣传思想工作理论素养与业务能力。

十、浙江省科协：顺应全媒体发展，打造融媒体传播矩阵

浙江省科协积极顺应全媒体发展，树立系统思维、平台思维和互联网思维，创新网络宣传平台，打造融媒体传播矩阵，充分发挥"网、报、刊、屏、微、端、抖"等各类宣传平台的作用，网络宣传的传播力、引导力、影响力和公信力不断提升。

（一）聚焦打造"三个一"，不断完善网络宣传平台体系建设

打造宣传布局"一盘棋"，建设新媒体平台。根据促进政务新媒体健康发展文件要求，加强统筹谋划，突出"一盘棋"理念，推进科协新媒体平台建设。截至2022年12月，浙江省科协本级拥有官方网站、官方微信"科技武林门"、工作指导内刊《浙江科协》、学术期刊《科技通报》、科普期刊《科学24小时》，科普新媒体组群"科学+"抖音号等。

打造宣传协作"一张网"，搭建融媒体联盟。在全国首创科学传播融媒体联盟（以下简称"科融联"），以科普为平台，以项目为纽带，携手《都市快报》《科技金融时报》、浙江经视等传统媒体，浙江在线、华数传媒等新媒体和今日头条、网易等互联网平台，打造科普宣传新阵地。结合浙江省委省政府中心工作开展科学传播，重点围绕民生科普宣传方面进行创新探索，形成

了"银龄跨越数字鸿沟"科普专项行动、"科学+战疫"应急科普和"疫情防控平稳渡峰科普"专项行动、台风应急科普等特色专题。2021年以来，"科融联"宣传覆盖人群达到18.2亿人次。

打造宣传主体"一条线"，组建工作委员会。组建"浙江省记协科技新闻工作者委员会"，在省记协的支持下，凝聚全省主流媒体及中央新闻媒体驻浙江机构从事科技报道的记者、编辑、评论员、摄影人员以及从事科技新闻宣传研究工作的专业人员，借助主流媒体网络平台放大科学宣传效果。组织评选年度"科技新闻奖"，着力打造最佳科技新闻，不断提升宣传质量。

（二）聚焦突出"三个心"，不断完善网络宣传平台机制建设

突出"发布核心"，优化政务信息发布机制。官方微信"科技武林门"作为浙江省科协的政务公号平台，肩负省科协信息发布、政策解读等功能，着力探索"互联网+政务服务"和走好新时代网上群众路线重要途径。官方微信设置并严格执行头条审核机制；密切关注中国科协政务信息和浙江省委省政府最新发布，第一时间发布中国科协、浙江省委省政府的相关政务新闻，以及省科协领导层会议信息、政策解读等内容；刊发省科协党组理论中心组学习会系列信息稿、"新春第一会"会议稿、传达学习贯彻党的二十大精神系列稿、科技工作者代表学习贯彻党的二十大精神系列稿等，做到政务信息发布的权威、准确、及时。

突出"上下齐心"，优化信息队伍建设机制。健全完善党组统一领导、宣传部统筹协调，机关各部门、直属事业单位各司其职、各尽其责，省级学会及各市、县科协积极参与、互动联动的宣传工作体系。每年举办信息员和新媒体工作人员培训班，全面提升全省科协系统信息工作水平。

突出"管理尽心"，优化信息宣传激励机制。印发《浙江省科学技术协会关于切实加强新时代媒体宣传工作的意见》《浙江省科协全媒体政务宣传平台

投稿规范》，规范省科协媒体宣传活动行为和流程，设置日常刊发工作和选题执行流程，以及后台管理审核制度，不断推进宣传工作规范化、制度化、实效化。建立送稿登记和用稿统计制度，对各设区市、学会有关信息录用情况进行季度通报、年度排名公示，不断强化激励效果。

（三）聚焦提升"四个力"，不断提高网络宣传平台实战实效

坚持"内容为王"，不断提高传播力。根据不同平台各自特点加强主题策划，形成丰富的立体式内容。官方网站结合浙江省科协定位，设立"政治引领""英才汇聚""科普惠民""科创赋能""开放交流""改革重塑"六大板块，"数字化改革""弘扬科学家精神""学习贯彻党的二十大精神"等专栏专页，体现浙江省科协整体面貌。根据浙江省科协全年宣传要点，每年策划设置20多个栏目，对全年重大活动如世界青年科学家峰会、国际绿色低碳创新大会等做重点策划和多层次宣传，结合视频、长图、海报等多种表现形式，以及多种新闻报道文体，形成严肃又不失活泼的政务号风格，全年原创稿件比例超过70%，兼顾转载央媒、省媒对科协的报道稿。

坚持"引领为要"，不断提高引导力。浙江省科协官方网站设置"习近平关于科技创新的重要论述""世界青年科学家峰会""省科协十一大""学习贯彻党的二十大精神""万名专家帮万企""数字化改革"等多个专栏专页，传达中央和省委重要精神，加强政治引领。"科技武林门"开设"科技追梦人""浙里·科学家故事""聚焦青科会""万名专家帮万企在行动""科普助力'双减'在行动"等专题专栏，弘扬科学家精神，加强政治和思想引领。

坚持"正能量"，不断提高影响力。坚持"正能量"要有"大流量"，"科技武林门"除官方微信外，其今日头条号、网易号、百家号、澎湃号、人民号等各平台号年均推送稿件超过5000篇，年阅读量超过1400万，官方微信稿件转发量年均超过2.5万次。"科技武林门"建立了政务号矩阵，纵向联系科协系统相关公众号，横向联系浙江省级相关部门、高校科研院所、权威自媒体等公众号，不断提升影响力。

坚持"权威为本"，不断提高公信力。浙江省科协的官方网站、官方微信，第一时间发布省科协的相关信息，注重及时性、准确性、规范性，成为科协新闻的重要策源地。浙江省科协还连续两年与《浙江日报》联合开展"年度浙江科技10件大事件评选"，在党报新媒体领域开展读者阅读互动，邀请8位院士参与点评。办好用活"媒体+政务""媒体+服务"功能，不断增强融媒体的公信力。

十一、上海市科协：用好新媒体，打造立体化宣传平台

自2013年11月1日"上海科协"微信、微博正式上线起，上海市科协先后开通今日头条、抖音、微信视频号，入驻科普盒子等，基本形成"上海科协"新媒体平台矩阵。以上海科技工作者和关心科技、热心科技的公众作为重点服务对象，宣传科协工作、分享科学信息，主张科学态度，营造科学生活的氛围，共建科技工作者之家。截至2022年12月，上海市科协微信、微博、抖音粉丝总数近14万，推送信息总量超万篇，今日头条号、抖音及微信视频号的内容原创率达100%，微信的原创率近50%，总阅读量超过4000万次。

上海市科协新媒体平台矩阵始终树立阵地意识，以媒体融合发展为抓手，整合资源、优化结构、凝聚力量，全面提高互联网领域的宣传能力。9年多的运维过程中，上海市科协新媒体平台已总结出一套有效的运维模式，充分利用大数据分析，针对各平台不同的发布特点，以"中央厨房"模式，对各类形式的内容进行分发，在宣传内容、形式、方法、手段等方面不断提升和完善，使上海市科协新媒体平台矩阵具有强大传播力、引导力、影响力和公信力。

（一）整合资源，建立系统成熟的专业工作模式

依托上海市科协新媒体平台的承办方上海科技报社的记者资源，上海市科协新媒体平台内容运维团队组建了上海市科协宣传小组、日常宣传小组及热门话题宣传小组。上海市科协宣传小组与市科协调宣部对接，负责市科协日常重要工作、重大活动的宣传报道，重大活动尽可能以系列报道的形式加大宣传力度，营造浓厚氛围，扩大社会影响力；日常宣传小组通过每周例会确定选题，联系专家进行采访，或通过组稿编辑的方式完成稿件撰写；热门话题宣传小组一般以热点事件为选题，联系专家，通过采访或约稿方式，在最短时间内完成稿件采写，及时在微信平台进行推送，官方微信（含节假日）保持每日更新。同时，上海市科协新媒体平台与上海的主流媒体及知名科普类公众号合作，以白名单方式转发内容，提高平台内容的丰富性和多样性。为确保传播内容的科学性，还充分依托上海市科协所属的200多个学会专家资源对内容进行审核把关。

（二）优化结构，打造立体有效的内容生产和互动机制

在内容选题方面，除与市科协工作相关的"规定动作"外，上海市科协运维团队根据每月的内容数据分析用户兴趣点，根据文章的阅读量、转发率确定内容选题方向，以此提高各平台整体阅读量和用户关注度。在内容表现形式方面，注重内容采集、编辑过程中多元化与方向性相统一，根据各平台展示特点，对同一内容素材做不同方式的"加工"，借助多平台融合传播优势提高传播力和影响力。通常官方微信以图文或长图、微信视频号以1～3分钟短视频、微博以140字"概要+长图文"的方式展示内容。在用户留存方面，除输出阅读性强、价值高的内容，定期互动也是有效手段之一。以上海市科协官方微信为例，每周通过固定栏目邀请用户参与竞猜活动，保持用户黏性；或利用市科协举办的活动，通过提供参与名额吸引用户，同时扩大活动知晓

度与社会影响力。

十二、江苏省科协：以点带面助宣传，多措并举促成效

江苏省科协围绕"四服务一加强"职能定位，积极开展网络平台宣传工作，通过江苏省科协官方网站、官方微信、微博、今日头条号等平台，展示工作品牌亮点，提升影响力。

江苏省科协官方网站由江苏省科协办公室、省科学传播中心（省科协信息中心）负责日常管理、维护，官方网站不仅是省科协官方信息的发布平台，也是其他对外宣传平台的主要信息来源。2022年官方网站发布各类信息3200余篇，总阅读量188万次，18个移动应用导流，原创信息占比较高。江苏省科协官方微信2022年点击量超23万次，发布信息1546篇，其中原创信息496篇，设置"江苏科技志愿服务展新风""科协事业大家谈""科创江苏""科技英才"等专栏，通过江苏省全民科学素质大赛等活动导流，总阅读量提高138%。微博、今日头条号的内容与官方微信同步每日更新，各平台有效整合资源，打造网络平台矩阵，提升整体宣传效果。

（一）健全考评办法和工作网络，全面提升传播力

江苏省科协为推进信息宣传工作，2021年修订出台《江苏省科协系统信息工作考评实施办法》，对包括官方网站、官方微信在内的各个信息发布、报送平台进行全面梳理，对官方网站首页栏目的用稿要求、报送渠道作出详细说明。该办法针对不同报送平台和不同栏目进行分值引导和激励，在全省科协系统形成信息工作合力。同时，建立了一支覆盖江苏省科协机关部门、直属单位、市县科协和省级学会的信息员队伍，每年定期对各单位的信息员进行核实，及时更新联系方式，保证信息工作网络稳定、反应迅速、报送高效。经过多年努力，信息工作已成为各部门各单位的常规工作，信息发布情况也纳入了省级学会、市县科协的工作指标。同时聚焦江苏省科协工作重点，关

注并及时联系活动主办部门，发布及时的原创新闻信息，提升原创发稿量。

（二）坚持政治引领，增强宣传引导力

江苏省科协及时贯彻上级精神，做好重点工作和重大活动宣传。官方网站首页贯彻落实上级精神、转载中国科协重点工作和活动，发布反映各级科协重点工作和重大活动的原创信息。分为头条、要闻、特别关注、深化改革、省级学会、市县科协等栏目，及时转载与科协工作相关的政策、讲话和科技热点信息等。为庆祝中国共产党成立100周年，上线了江苏省科协系统党史学习教育专栏；2022年上线了深入学习宣传贯彻党的二十大精神专栏；在"头条"栏目对十九届六中全会、中国科协十大、全国科技工作者日等进行转载宣传。"江苏省科协"微信、微博、今日头条号均为省科协的官方信息发布平台，除发布反映各级科协的重点工作、重大活动的原创信息，还转载权威机构特别是中国科协相关网络平台的政策解读、科学辟谣、党史学习教育等方面信息。

（三）共享信息资源，提升宣传影响力

江苏省科协加强资源整合，拓宽信息渠道，重点关注省科协、传播中心其他宣传载体原创信息，利用不同投稿渠道，挖掘深度报道和调研类稿件，形成内容互补、受众多元的全媒体宣传格局。及时关注中国科协官方平台的宣传动态，积极配合形成联动宣传态势，提升科协系统的整体宣传效果。筛选科技部，江苏省委、省政府，中国江苏网等网络平台有关科技、科协工作信息，拓宽信息渠道，扩大信息服务面。关注《江苏科协》等省科协刊物信息，选取有深度的原创调研信息。同时加强与媒体的合作，提升原创内容的影响力。

（四）责任和激励并举，提升宣传公信力

江苏省科协严格执行信息发布责任制，根据不同信息来源和发布平台、

栏目，设计相应审核流程，确保政务信息平台的政治性、准确性和权威性。坚持信息季度通报制度，帮助各地科协了解各自工作进展，督促做好下一阶段工作安排。召开一年一度的全省科协系统信息工作会议，对上一年度信息工作进行回顾，查摆问题并提出下一阶段工作要求。2022年共评选优秀信息员20名，优秀稿件32篇，较好地调动了信息员的工作热情。

十三、广西科协：聚焦新、专、热、净，推动网络平台宣传创新发展

2022年广西科协官方网站共发布稿件2369篇，原创稿件率达95%；官方微信发稿1755篇，同比增长26.3%；今日头条号发稿584篇，平台总推荐量近530万；澎湃政务号发稿1113篇，阅读量超1896万。其中，《科学新知｜〈细胞〉：抗"艾"新药有望打破终身服药魔咒》阅读量超过30万。

（一）在"新"上下功夫，坚持守正创新

政治思想引领内容新。广西科协第一时间在平台宣传习近平总书记对科技创新、人才工作、科协工作的最新重要讲话和重要指示精神，及时宣传党的十九届六中全会、自治区第十二次党代会等重要会议精神，持续宣传党史学习教育的新内容新要求新动态。

新闻内容新。广西科协第一时间向科技界传递信息与声音，重大会议、活动报道当天在网络平台报道，第一时间转载。同时，加强新闻策划，重视原创内容刊发。广西大学王双飞教授当选中国工程院院士后，广西科协第一时间策划并在网络平台刊登了《自治区科协着力打造有温度可信赖的科技工作者之家　积极服务我区科技人才创新争先》文章，详细介绍近年来广西科协在支持广大科技工作者，特别是高层次科技人才突破发展上所做的工作，获得广泛关注。

版面样式新。广西科协对官方微信的色彩、模板进行调整，在视觉上更具有亲和力。同时，在新闻内容样式上进行创新，会议、活动类新闻尽量以

"视频+图片+文字"形式刊登，增强可读性和视觉效果。增加用H5、图解等形式解说重要新闻、会议、文件通知等，更符合网络平台信息传播特性。

（二）在"专"上下功夫，突出科协专业专长

专注传递党和政府对科技工作者的关心关怀。广西科协充分发挥网络平台作为党和政府联系科技工作者桥梁纽带的工具作用，2021年11月18日两院新增院士公布当天，自治区领导专程到广西大学慰问王双飞院士和郑皆连院士。区外桂籍科学家唐志共当选中国科学院院士后，广西科协立即发去贺信，致以热烈祝贺和崇高敬意。唐志共院士第一时间回复，感谢自治区领导关怀并祝家乡更美好。第五个全国科技工作者日前夕，自治区领导在《广西日报》、广西广播电视台向全区广大科技工作者发出寄语。广西科协及时在网络平台上宣传自治区党委、政府领导对自治区高层次人才闯关突破的重视支持和对广大科技工作者关心关怀的故事，获得科技界高度关注。

专注讲好优秀科技工作者故事。在全国科技工作者日期间，广西科协在网络平台上对70名全区各级"最美科技工作者"的事迹进行连载刊登，对全区各地"我为党旗添光彩——广西优秀科技工作者百场宣讲报告会"活动进行广泛报道，组织记者团队采访摄制35部优秀科技工作者视频并在网络平台播放。在网络平台设置"最美科技人"和"创争力量"等专题和专栏，宣传报道科学家和优秀科技工作者先进事迹250多篇，营造尊崇科技工作者的良好社会氛围，打造温馨的网上科技工作者家园。

专注报道科协系统主责主业。广西科协广泛宣传全区各级科协组织尽心尽力履行"四服务"职责，在官方微信设置"市县传真"专栏，重点报道基层科协特色亮点工作，做到每天刊发1～2篇，吸引基层科协踊跃投稿。设置"科创中国·广西"专栏，动态报道自治区推进"科创中国"工作的重大进展。在"天宫课堂"，广西科协网络平台及时、延伸报道活动内容，设置"科普新

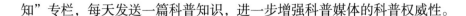

知"专栏，每天发送一篇科普知识，进一步增强科普媒体的科普权威性。

（三）在"热"上下功夫，结合热点主动策划，营造网络宣传声势

为加强对科技工作者思想政治引领，持续巩固党在科技界的执政基础。在中国共产党第二十次全国代表大会期间，广西科协组织开展了广西科技界对党的二十大报告热议活动。活动参与人员覆盖了广西科协党组、中国科协十大代表、在桂外籍院士、广西院士后备培养工程第二批人选，以及广西青年科技奖、广西"最美科技工作者"、广西创新争先奖个人奖、广西卓越工程师奖获得者等，深入学习领悟党的二十大报告，并分享心得体会和远景展望。活动得到了广西科技界的积极响应，收到科技界和其他领域先进代表百余篇热议稿件。广西科协在官方网站、官方微信、今日头条号等平台发布三期热议文章，受到各界好评。鉴于热议活动响应积极，广西科协及时组织指导全区各市科协开展对党的二十大报告热议活动，短时间内在广西科技界迅速掀起深入学习党的二十大报告的热潮。

结合弘扬科学家精神，宣传广西籍科学家动人故事，精心编排原创话剧《少年黄大年》，面向中小学生巡演。通过广西科协所属网络媒体平台广泛宣传《少年黄大年》话剧，并在微信公众号进行直播，活动线上点击量超过1300万次。同时联合广西教育厅组织全区中小学生线上观演，直接观演人次超过600万次。该直播结束后，广西科协组织各地中小学生通过主题班会、讲故事比赛等形式深入学习黄大年精神，并开展多样化报道。各地师生报道了解动态后，继续开展各种活动，形成了良好的弘扬科学家精神学习氛围。开展的全区中小学生观后感评选活动，共收到观后感3.2万篇，有力推动了新时代科学家精神在青少年群体中的广泛宣传。

（四）在"净"上下功夫，坚持管好宣传思想阵地，打造清朗网络空间

广西科协坚决承担宣传思想价值引领的主体责任，落实对所属网络平台的主管主办责任，严格执行网络平台发布内容日常自查和专项检查机制。对所属南方科技网、广西科技馆网、广西科协网等网站，以及"两微一端"宣传阵地的监管，坚持"三审三校"制度，做好信息把关审核。根据自治区党委网信办的统一部署，认真做好网络有害信息清理，做好舆情应急处置和研判，做到守土有责、守土负责、守土尽责。

十四、重庆市科协：做好"融"字文章，发出重庆科协之声

重庆市科协以"新闻+政务+服务"为定位，运用全媒体平台面向科技工作者和公众广泛传播最新科技政策、最新科技时政新闻和科协工作动态。

（一）做强网络平台，集中力量讲好科技故事

为巩固和拓展网上宣传思想文化阵地，重庆市科协主动设置议题、组成采访组，利用重庆市科协网、微信公众号、微信视频号、微博、今日头条、抖音平台等全媒体同频共振，对重庆市先进科技志愿者以及典型科技工作者进行宣传报道。

官方网站已成为重庆市科协对外宣传、展示的重要窗口之一。官方网站近几年年均发布量均在3500篇以上，2021年网站浏览量81万，2022年上升至92万。围绕党史学习教育工作开设专题，设置"重要精神""进展成效""基层动态""媒体宣传""光辉历程""创新理论"等栏目，全方位宣传科协系统党史学习教育、"我为群众办实事"活动进程及取得的成果。2021年，为庆祝中国共产党成立100周年，重庆市科协组织开展"众心向党、自立自强"主题实践活动和"党的旗帜在科技界高高飘扬——百名科技英才颂建党百年辉煌"系列宣传活动。官方网站结合活动开展情况，多栏目、多角度呈现活动内容，营造良好宣传氛围。

图26　重庆市科协官方网站的党史学习教育专题页面截图

不断优化官方微信版面、页面和栏目。重庆市科协官方微信开设"最美科技工作者""银发智慧课堂""防疫科普365""聚焦全国地方科协综合改革示范区建设"等合集栏目，基于传播规律和受众偏好，立足本土化、轻量化、可视化生产新闻产品。同时注重运用漫画、SVG互动等新媒体功能为平台赋能，确保内容鲜活、有创新性。

微博和抖音平台注重时效性和创新性。截至2022年12月，微博粉丝量16.4万。重庆市科协借助微博扩散快和交互强的特征，及时跟进科普中国的热点话题，设置"带你逛重庆'三园'""健康科普365""漫说百科"等原创话题，达到宣传科协工作和积极联络科技工作者的目的。2021年3月注册上线抖音号，建立视频端专属窗口，赋能数字政务。截至2022年12月，抖音粉丝量16万。紧跟新闻与热点，围绕学术交流、科学普及、科技人才等内容进行选题、策划和制作，设置"科技工作者之家""一起涨知识"等栏目，共更新345个相关作品。

（二）做实"新闻+"，打通服务群众"最后一公里"

重庆市科协不断深化做实"新闻+"服务，从单一新闻宣传向公共服务领域不断拓展延伸。孵化打造"防疫科普365"系列、"银发智慧课堂""科普日历"等特色产品。2022年，重庆市科协联合重庆市卫健委开展"防疫科普365"系列，以每日问答形式，解答市民关心的疫情热点问题，发布超过150期，总阅读量破千万。设置"平凡中的微光"话题，报道抗击疫情中科协系统的点滴小事，以微小故事折射科协力量。疫情后将"防疫科普365"调整为"健康科普365"，持续为市民提供健康知识。根据后台用户数据分析，今日头条号的用户以中老年人为主，重庆市科协开设"银发智慧课堂"栏目，以简单易懂的视频教学，帮助老年人轻松学会视频剪辑小技巧，让慢阅读方式在中老年人群中展开。此外，以"漫说百科"传播生活百科小知识；从节气入手，以"科普日历"进行节气科普，让每个栏目都为科学传播赋能。

重庆市科协主动作为，发挥科技宣传排头兵作用，着力加强对科技工作者的思想政治引领。价值引领层面，巩固拓展党史学习教育成果，全力维护意识形态领域安全，做强群众性示范活动、常态化开展主题宣传教育活动、聚力全市科协系统媒体宣传矩阵，为全市科技发展营造良好的舆论氛围。内容生产层面，为激励区县科协系统联络员供稿积极性和加强宣传工作成效，重庆市科协建立了新闻作品评价机制，释放区县宣传活力。

第二节　平台账号、重要议题和重大活动传播案例

基于各单位的问卷调研和案例材料征集，总结了部分网络平台账号运营经验，以及针对重要议题和重大活动的宣传经验。

一、平台账号传播案例

（一）湖北省科协官方网站

近年来，湖北省科协深入贯彻落实习近平总书记关于科协工作的重要论述精神和党中央关于加强和改进党的群团组织工作的意见精神，把加强网上科协建设作为增强科协组织政治性、先进性、群众性的切入点和着力点，展示科协整体形象，突出时代主题宣传，做好网络特色服务，宣传科技工作者，服务科技工作者，助力湖北省科协事业高质量发展。

科学设计栏目，展现湖北科协良好形象。湖北科协网作为湖北省科协的官方网站，是省科协在互联网上展示科协工作和宣传科协组织的重要窗口。湖北省科协主要领导高度重视官方网站建设，主持审定网站布局和栏目优化工作，完善网站栏目设置，丰富网站展示内容，拓展网络服务功能，更好地展示新时代科协组织"四服务"职责。官方网站设置13个一级栏目、20个二级栏目和39个三级栏目，基本涵盖湖北省科协主要职能工作和业务工作，高效、优质、便捷地服务科技工作者。2022年发布文字、图片和视频等多媒体信息超过5000篇，网站点击量突破210万人次，两项指标均创历史新高。

聚焦价值引领、弘扬科学家精神和科协事业，抓好主题宣传。"湖北省科协深入学习宣传贯彻党的二十大精神"专题，生动展示省科协系统和全省科技工作者认真学习贯彻党的二十大精神。"湖北省科协党史学习教育"专题为

引导湖北科技战线上的广大科技工作者学党史、悟思想、听党话、跟党走发挥了积极作用。"最美科技工作者——把论文写在荆楚大地上"专题与湖北日报传媒集团合作，利用先进流媒体技术同步推出展示11位在湖北省各领域兢兢业业、无私奉献的科技工作者代表，展现"爱国、创新、求实、奉献"的科学家精神。"科技为民 奋斗有我——第二届全国创新争先奖（湖北篇）"专题与湖北长江云新媒体合作，以丰富的图片、文字和视频宣传武汉雷神山医院抗疫团队和17位湖北全国创新争先奖奖章和奖状获得者的先进事迹，特别是武汉雷神山医院抗疫团队为抗击新冠疫情、打赢武汉保卫战展现出的奉献和牺牲精神在网上引起极大反响。推出"庆祝建党100周年科协发展历史资料图片展"大型专题，全面展示科协人和科技工作者为科协事业奋斗的光荣历史和奉献精神。2022年8月，湖北省科协第十次代表大会在武汉隆重召开，为全方位宣传展示湖北科技界的盛会，湖北科协网学习借鉴人民网、新华网等国家媒体网络宣传报道的先进经验，联合湖北日报传媒集团旗下荆楚网共同推出"湖北省科协第十次代表大会"大型官方宣传专题，营造良好舆论氛围。

图27 湖北省科协官方网站的热点专题页面截图

搭建"一站式"网络服务平台，高效快捷服务科技工作者。湖北省科协以群团组织改革为契机，不断改进科协工作方式和方法，利用大数据、云计算等先进信息技术，通过湖北科协网在全国科协系统率先建成了基于"互联网+办事服务"的湖北科协网上办事服务大厅。全面整合科协网上业务服务，统一网上办事服务入口和办事标准规范。将"党建强会""科普服务能力提升""科技创新源泉工程""青年科技晨光计划"等16项业务整合纳入科协网上办事服务大厅，提供网上申报审批"一站式"服务，实现网上下载、网上申报、网上审核。服务大厅还优化集成"政策法规""成果转化""科技资源""知识产权"四类社会科技公共服务平台的资源，实现社会科技资源的互联互通、信息共享。通过有效集成科技工作者需要兼具科协组织特色的服务资源，拓展和创新网上服务方式，形成网上建家、网上引领、网上服务、网上赋能的服务科技工作者新格局。

图28　湖北省科协官方网站的网上办事服务大厅页面截图

（二）山西省科协官方微信

山西省科协以学习好、宣传好、贯彻好习近平新时代中国特色社会主义思想为主题主线，不断开展各类相关专题宣传，着力打造没有围墙的思想引领阵地。官方微信"山西科协"以"弘扬科学精神，繁荣学术交流；提升科学素质，培育创新文化；凝聚科技英才，建设创新山西"为宗旨，年均发布信息260期、2000篇以上，截至2022年12月，关注人数75.2万。

做好宣传阐释，加强思想引领。"山西科协"官方微信紧紧把握最新时政动态，分别按照中央会议及习近平总书记重要讲话精神、科技理论政策及解读、中国科协新闻、山西省重要会议、省科协会议精神及通知等类别及时刊发信息。在党的十八大以来的历次中央全会、两院院士大会和中国科协全国代表大会、山西省党代会期间，官方微信均开设专栏，分别组织全省各级科协、科技工作者代表学习会议精神，聚焦主责主业，结合工作实际，谈体会、谈感悟、谈思路、谈打算，进一步凝聚系统内宣传智慧和力量。

做好党史宣传，汲取奋进力量。将党史学习教育宣传作为重要内容，2021年开设"百年党史天天读专栏"，每日不间断更新专栏内容，全年发布稿件230余篇。2021年"七一"前后，连续发布习近平总书记在中国共产党成立100周年庆祝大会上的重要讲话、社会各界庆祝活动和山西省科协系统集中收听收看、组织学习、开展庆祝活动等内容。积极宣传报道全省各级科协组织开展党史学习教育、主题党日活动等内容，营造良好社会氛围。2022年开设"100个山西红色科技故事"专栏，每日刊发一个山西革命根据地在科技事业发展中发生的红色科技故事，生动再现中国共产党早期科技实践的"星星之火"，激发全省科技工作者"众心向党 自立自强"的荣誉感、自豪感、使命感。

宣传科技人物，引领社会风尚。山西省科协大力弘扬科学家精神，做好全国及省内优秀科技工作者的先进事迹宣传报道工作，官方微信每年开设"山西最美科技工作者学习宣传活动"及票选活动，营造崇尚最美、学习最美、争当最美的良好氛围，受到社会广泛关注。积极宣传晋籍院士、在晋院士、知名院士专家学者及基层科技工作者的科技成就、突出业绩和感人事迹，展示科技人物的良好风貌，讲好新时代的科技故事，营造良好的人才成长环境。

宣传特色工作，提升科协影响力。在全国科技工作者日、科技活动周、全国科普日、农民丰收节、"双创"活动周以及山西省科协年会等重要节点，官方微信积极组织宣传报道，每年发布相关信息200篇以上。每年举办"科学之春"SSTM年度科学传播遴选活动，通过线上投票及专家评议等环节，评选出山西科技传播七大类奖项，每年线上浏览量、点赞量达500万次以上。每年开展的"山西省公众科学素质网络知识竞赛活动"，2022年参与答题人数超过56万，答题人次达700余万，均创历史新高。

（三）江苏省科协官方微信

江苏省科协以官方微信为重点，在信息来源、审稿制度、联动宣传等方面下功夫，不断提高各网络平台阅读量，扩大科协工作影响力。

拓宽信息来源。官方微信"江苏省科协"作为省科协官方政务信息平台，内容围绕江苏省科协系统重点工作、重大活动，原创内容占比大；同时对党和政府的科技政策、讲话精神以及科技人物、科普知识等进行宣传。江苏省官方网站等自有平台是原创信息的主要来源，转载信息主要来源于中国科协、科技部、省委、省政府以及新华社、人民日报等官方平台，科普信息主要来源于科普中国、科学辟谣等平台。通过严格把控信息来源，确保江苏省科协政务信息平台的严肃性和科学性。

完善审核制度。江苏省科协官方微信等政务信息平台的信息发布流程参考出版物审校制度，严格按照"选题—审题—内容编制—内容审核"等程序进行层层把关，责任编辑每日浏览科协、科技工作相关平台信息，结合重点、热点进行选题报送，编辑部主任定时对选题的重要性、全面性、政治性、权威性等方面进行审核，查漏补缺。

系统联动宣传。截至2022年，江苏省科协官方微信用户数量超20万人，阅读量增长显著。江苏省科协部分网络活动在微信平台开设链接，如开辟"2022年度江苏省全民科学素质大赛"入口，超70万人参加该项网络答题活动。为配合2022年全国科技活动周暨江苏省第34届科普宣传周活动，官方微信开辟网上科普展示馆入口。此外，江苏省科协微信等政务信息平台与科协其他平台共享信息资源，开展原创专题宣传，设置科技英才、全国科普教育基地巡礼、江苏科技志愿服务等专题。

（四）中国自动化学会微信公众号

为精准服务广大科技工作者，汇人才、集智慧、普知识，共开设"中国自动化学会"综合资讯型、"CAA会员服务"学术服务型、"CAA OFFICIAL"科普型三个微信公众号。2021年，中国自动化学会通过完善平台运营团队建设、精准目标群体、加大栏目策划融媒体推广力度、加强线上线下互动等方式，进一步提升了学会微信公众号的影响力，实现总阅读量230万次，粉丝量增长21%。

完善平台运营团队建设。进一步规范业务部门设置，成立宣传出版部，组建由分管副秘书长、部门负责人、内容编辑、排版人员组成的微信运营团队；面向自动化领域高校、科研院所招募学会志愿者团队，成立了自动化、新闻传播等多个专业志愿者团队；面向学会分支机构，设立宣传通讯员，上报分支机构相关新闻，向下传达学会通知、宣传学会动态、推广行业资讯。

提升调研能力，精准锁定目标人群。中国自动化学会官方微信受众群体多为自动化领域科技工作者，为进一步精准推送、满足受众需求，学会微信运营团队通过多种实现方法进行数据分析，提升对目标受众的调研能力。建立"周总结、月分析"的工作制度，依托微信后台用户详细信息分析粉丝的地区分布、男女比例分布等。目前学会微信用户中41.6%为26～35岁的青年，18～25岁、36～45岁的用户各占总数的1/4，其中学生占总用户的52.8%。绘制每周用户增长、阅读量变化动态趋势图，实时了解学会发布内容的关注变化情况，分析受众群体更感兴趣的内容；阶段性面向广大科技工作者开展问卷调查，并在微信设置"意见投递"专区，常态化聆听"用户们"对学会微信号内容的意见建议。

以"受众"为中心打造精品内容。中国自动化学会微信运营团队基于对受众人群的详细分析，进一步提升信息数据转化能力，针对不同类型目标人群设置不同的微信栏目，并通过实时汇总粉丝建议进行动态调整，如"CAA科普大讲堂"活动及"科普园地"栏目的设置，即是听取用户反映"学术讲座偏专业化、希望设置科普性活动"的建议所创办。微信"CAA知多少"系列栏目主要为回应调查问卷中显示很多人对学会整体业务不了解而设置。同时以微信平台为中心加大与粉丝的线上线下互动，围绕三八妇女节，开展线下插花活动，并定向邀请微信忠实用户参加，通过线下活动增强与用户联系、建立社群，实现微信的垂直运营。

（五）山东省科协抖音号

山东省科协于2021年3月开通抖音号，截至2022年12月，共发布视频1635个。树立鲜明账号形象，建立严格发布流程。立足自身账号特点，聚焦"弘扬科学家精神、普及科学知识、传播科协声音"，打造具有山东特色的短视频，稳定、持续输出科普知识短视频、科学家微访谈、对话科学家等内容，获得用户持续关注。制定山东省科协抖音号信息发布程序，明确发布时间、频率和管理员的工作职责，对发布的视频严格把关。

传播内容接地气。坚持内容为王，设置"二十大时光""全国科技工作者日""上知天文""强国有我""健康生活""科技人物""尽膳尽美""黄河画卷""知法懂法""安全用气"等合集，收录视频超过800个，总播放量超过280万。及时关注热点，寻找、制作相关短视频，围绕天宫课堂、中国空间站、神舟飞船等热点话题，策划推出短视频合集。对于全国科技工作者日、全国科普日、冬奥会等重大节日、重大活动，加大视频投放量。

在原创上下功夫。推出"百名院士的入党心声"专栏，这些院士是百年中国沧桑巨变的亲历者、奋斗者，入党志愿书饱含对党和国家的热爱。在推出63期原创视频"科普总动员"专栏的基础上，在春节、五一劳动节等节日推出原创短视频；在"世界电信日"制作如何有效防范电信诈骗的短视频，推广防范电信诈骗的有关知识。推出《杨柳絮来了，过敏体质的人怎么办？》等原创短视频，获得广泛传播。

（六）中国物理学会抖音号

中国物理学会在已有官方网站基础上，2021年开通官方微信，2022年以成立90周年为契机加强学会品牌建设，利用学会资源，陆续开通抖音、B站、央视频号。2022年3月开通抖音，截至2022年12月有粉丝40万个，推出"科学1小时""我在抖音学物理"等品牌活动，举办84场直播，发布190个视频，直播播放量超过2700万次，视频播放量超过1.4亿次，"我在抖音学物理"话题获得超过1.8亿次播放量，在网络空间掀起了一股"学科学、聊科学、用科学"的新时尚。

邀请专家打造知识讲堂。"科学1小时"主讲嘉宾包括中国科学院物理所向涛院士、曹则贤研究员，北京交通大学陈征副教授等物理学者，抖音物理科普创作者李永乐老师，"不刷题的吴姥姥"吴於人教授，"弦论世界"周思益博士等。围绕物理模型与范式演变、牛顿力学、法拉第力线等知识点带来10期课程。

更新频率高，采用直播、视频、合集、节目等多种宣传方式，以活动为支撑做宣传。面向中国物理学会"蒲公英计划基地学校"、全国中小学生及广大社会公众，推出"科学1小时"系列直播活动，截至2022年12月已推出"大家说物理""物理百科小课堂""如何学好物理""创新小课堂"等系列视频，其中合集"科学1小时"分别收录10位主讲专家共89个视频。

加强科学传播，积极推出抖音平台活动。抖音联合中国物理学会推出科普直播课，打造视频版"物理概论"。中国物理学会于2022年三季度发布带有话题标签的"我在抖音学物理""抖音学习""夏日科普星探企划"系列视频。通过参与抖音平台的话题活动，将视频推荐给精准人群，打造数个"爆款"，点赞量最高的视频获122万次点赞。

行业相关账号联动宣传。中国物理学会与中科院物理所、中国科学院大学（国科大）等行业机构的抖音账号，针对"科学公开课""科学1小时"等物理讲堂开展联动直播，引流和协同效应明显。

（七）中国汽车工程学会B站号

中国汽车工程学会强化思想引领，紧紧围绕中国科协与学会重大事件、重要讲话、重要活动，建强网上舆论阵地，创新语态表达和互动引导，精心打造"会员分享""科学技术传播"等专题专栏，积极做好"弘扬汽车文化 助力汽车强国"等重大主题宣传。中国汽车工程学会于2019年8月正式在B站进行机构认证，并开始发布相关内容，努力形成政务宣传工作新优势。

强化政治性，打造政务宣传阵地。突出"两个确立"的决定性意义，推动习近平新时代中国特色社会主义思想深入人心，团结引导广大科技工作者自觉做党的创新理论的坚定信仰者和忠实实践者。围绕B站平台，创作精品宣传，截至2022年12月，"中国汽车工程学会"B站号拥有粉丝10.4万，播放量达到230万，获得7.9万次点赞，多个视频播放量突破5万，直播累计数据达

3000万，平台累计曝光1亿次。

坚持多单位联动。中国汽车工程学会与入驻B站的清华大学车辆与运载学院、国家智能网联汽车创新中心、机械工业出版社等团体会员认证机构账号形成宣传矩阵，与入驻B站的整车企业（一汽红旗、一汽奥迪、上汽、吉利、蔚来、五菱等）、零部件企业、出行公司品牌运营方等团体会员认证企业账号建立汽车协同运营小组，在B站融入政务宣传大格局，实现科学技术宣传与科普宣传、科学家精神宣传深度融合、高度联动。

坚持"内容为王"。推动宣传工作稳中求进，出精品、出亮点。中国汽车工程学会在做好科技类、资讯类宣传基础上，全面提升政务融媒体传播效能，准确把握科技界思想动态，认真研究科技工作者特点和需求，以群众接受度高的网络直播、短视频等作为主要传播方式，策划制作科学技术传播视频，力争推出热门产品，迅速放大汽车科技宣传影响力。精心打造"会员分享""科学技术传播"等专题专栏。共开播和回放视频超过160场，邀请200余位会员分享传播前沿创新技术、政策解读。

联合设置活动与话题。坚持术业有专攻，展现党政机构职能特点，借助平台影响力达到"1+1＞2"的效果。每年12月2日为全国交通安全日，2021年中国汽车工程学会与中国长安网、中国警察网、天津政法等25家政法机构号、媒体号在B站以"守法规知礼让、安全文明出行"为主题，共同组织开展第十个"全国交通安全日"群众性主题活动，鼓励引导绿色出行，助力文明交通再起航。活动前联合UP主共定制11个交通安全相关视频并在B站发布，站内播放量超900万，当日占微博热搜第24位。

为迎接"5·30"全国科技者工作日，践行科技志愿者精神，2022年5—6月，中国汽车工程学会与中国科协科学技术传播中心、中国汽车工业协会合作，在B站共同开展汽车科技视频征集活动，面向广大科技工作者开启专属参赛通道和新星扶持计划，发掘并培养更多优秀的"弘扬汽车文化助力汽车强国"科技志愿者，4个赛道合计浏览量超过8100万、讨论量达23万次。

二、重要议题和重大活动传播案例

（一）河南省科协"党的二十大"和"河南省全民科学素质网络竞赛活动"宣传

1.河南省科协"党的二十大"宣传

组建精干新媒体团队，开展"喜迎二十大 创新向未来"主题宣传活动。2022年8月12日至9月30日，河南省科协策划组织开展"喜迎二十大、创新向未来"主题宣传活动。本次活动联系拍摄科技工作者17位，采访河南省辖市科协书记、主席8位，采访"省院合作"领域专家14位。剪辑发布短视频32个，撰写整理专访稿件39篇。河南省科协新媒体矩阵进行广泛发布，生动展现科技工作者与党同呼吸、共命运、心连心的深情和奋斗历程，团结引领广大科技工作者不忘初心、牢记使命，以实际行动向党的二十大献礼。

策划开展"河南科协这十年"主题宣传活动。"河南科协这十年"主题宣传重点结合"出彩中原""才荟中原""科创中原""科普中原""智汇中原"五大行动内容，结合"基层科协组织和党建双覆盖工程""科技创新人才引育工程""优势产业科技赋能工程""国家战略科技力量对接工程""现代科技馆体系推进工程""科普筑基惠民工程"六大工程等内容，从十年来的工作报告、总结中提炼工作亮点，展开综述。2022年9月1—25日，共计收集素材20万字，整理撰写综述文章7篇、3万字。《河南日报》整版刊发综述文章《凝聚科技创新力量 书写中原出彩华章》，统筹《河南日报》、大河·豫视频、大象新闻、大河网、顶端新闻、央广网等10多家主流媒体发布《强化思想引领 夯实信仰基石》《聚天下英才 筑强省之基》《促科技经济融合 助产业创新发展》《做强科普之翼 厚植创新沃土》《汇聚科技才智 建设现代河南》等系列综述70多篇，阅读量超过150万次。

及时发布学习宣传贯彻党的二十大精神相关报道。党的二十大召开后，河南省科协第一时间在官方网站和官方微信开设学习宣传贯彻党的二十大精神专栏，集中刊发党的二十大精神权威解读和全省科协系统学习贯彻实践。2022年10月1日至11月6日，河南省科协官方微信、微博、今日头条分别发布学习宣传贯彻党的二十大精神相关报道65篇、44篇、25篇。从会前预告到会中报道，从热议报告到学习宣传贯彻党的二十大精神，河南省科协全方位、多角度、立体式宣传报道党的二十大精神，宣传全党全社会对党的二十大的热烈反响和积极评价，宣传全省科协系统、全省学会、全省科技工作者学习贯彻党的二十大精神的具体举措和实际行动。

策划推出"踔厉创新·强国有我"——学习宣传党的二十大精神系列报道。努力克服疫情影响，采取电话采访、线上沟通、网络约稿等多种方式，组织采访驻豫院士、"最美科技工作者"、首席科普专家40多位、科协系统人员30多位，发布专访报道80余篇，剪辑发布短视频20余个，社会媒体转发相关新闻30多篇，总计阅读量超过100万次，多维度展现河南省科协系统和科技工作者学习贯彻党的二十大精神的实际行动。

2.河南省科协"河南省全民科学素质网络竞赛活动"宣传

2021年下半年以来，河南省科协官方微信重新明确账号定位和受众目标，兼顾科协系统、科技工作者和社会公众；优化提升选题内容，策划实施一系列主题宣传活动，深度融入河南省科协中心工作；加强运维团队建设，加大文章发布复盘总结归纳力度，提高运维能力和文章质量；协调省委网信办，增加微信发送频次，有效提高推送文章数量和时效性。以连续推送红歌传唱MV的方式，集中报道河南省科协"迎七一"红歌传唱活动。设置"'众心向党，自立自强'全省科技界学习贯彻习近平总书记重要讲话和中国科协十大精神"专栏，累计发布平面媒体和新媒体形式专访稿件60余篇，制作发布科技工作者专访短视频130多部，新媒体平台新闻阅读量及视频播放量共计600万次。

2021年6月，为庆祝建党100周年，河南省科协通过官方微信组织开展主题为"学党史讲科学百年路新征程"的2021年河南省全民科学素质网络竞赛活动，全省共有148.9万人、2388.7万人次参赛，营造学科学、爱科学、用科学的良好社会氛围，进一步扩大官方微信的知晓度和影响力。

优化选题排版，选择恰当时间推送信息。2021年6月19日，官方微信推送文章《2021年河南省全民科学素质网络竞赛活动来啦》，正式拉开活动序幕。为进一步提升活动影响力，通过重新明确账号定位、准确划定目标受众、优化提升选题内容、增加发布频次，科学选择推送时间等措施，逐步形成独特账号风格。

结合热点突发事件，统筹提升活动影响力。在活动举办期间，河南省遭遇"7·20"特大暴雨灾害，汛情后郑州市又遭遇重大疫情。河南省科协为向广大群众传播在遇到紧急灾害时的常识和自救措施，除党史学习教育、科技成就、自然科学、生态环保等科普常识之外，竞赛题目加大了防汛、防疫等应急科普知识的比重，引导广大公众提升疫情防控、防汛救灾意识和能力，在传播过程中形成强烈共鸣，进一步提升活动传播效果。

协调联动宣传，进一步提升活动知晓度。通过分析活动举办目的和预期目标，划定目标受众为全省科技工作者和科协系统工作人员。为有效扩大受众对活动的关注度和知晓度，河南省科协除在官方微信定期推送活动信息外，还广泛发动科协系统平台、主流媒体及高校共同参与宣传推广，通过各级科协组织网络平台，河南日报客户端、央广网、许昌网、鹤壁网、驻马店网等省内主流媒体网站，各大高校官方网站等，广泛推送活动开展信息。

定期推送获奖名单，引导激励更多参与者。活动中定期推送获奖名单并对答题积极者给予激励。

（二）福建省科协推动党的二十大精神入脑入心宣传

福建省科协创新性以"有声""有色""有形"思路设计迎接和学习宣传贯彻党的二十大精神系列活动，加强政治引领，筑牢科技界共同思想基础，引导科技工作者坚定不移听党话、跟党走。

1. "有声"：让党的二十大精神"声入人心"

邀请福建科技界党的二十大代表林占熺、温文溪在会议期间录制音频，设计制作创意音频海报，第一时间传递代表参会心声，引发全省科技界强烈关注。组织发动科技社团及各领域科技工作者热议报告畅谈体会，推出"福建科技工作者热议党的二十大报告""党的二十大报告在福建省科技社团中引发热烈反响"专栏，多篇报道被中国科协官方网站、官方微信采用。

2. "有色"：让活动有特色、更出色

在福建省科协官方网站、官方微信开设"代表风采"专栏，宣传孙世刚、林占熺、温文溪等福建科技界党的二十大代表风采。与福建省委宣传部、福建日报社、福建省广播影视集团联合推出"喜迎二十大 建功新时代"福建科技工作者先进事迹展播活动，以图文、短视频等形式讲述福建省10名科技工作者的典型事迹，引导广大科技工作者争做新发展阶段新福建建设的排头兵。开展二十大报告知识互动答题线上活动，分期制作党的二十大有关知识点"百问百答"，以互动答题形式引导科协系统广大党员干部和科技工作者深入学习会议精神，增强奋进新征程的决心和信心。

图29　　　福建省科协科技工作者先进事迹展播

3. "有形"：以多样载体推动落地落实

举办"喜迎二十大·奋进新征程"科学家精神主题全省巡展。在福建省科技馆举办首展并安排在全省各设区市举办15场巡展，观展人数逾10万人次。开展"党的二十大代表进学会"系列学习活动，邀请各领域党的二十大代表深入学会，以实地调研、现场座谈等形式面向学会会员、广大科技工作者和学会从业人员开展各具特色的宣讲教育活动。举办优秀青年科学家二十大精神宣讲报告会，邀请3名青年科学家围绕"贯彻二十大，建功新时代"作宣讲报告，用生动故事弘扬科学家精神，树立创新报国的主流舆论导向。

（三）中国城市规划学会全国两会议题宣传

自2014年以来，中国城市规划学会网络平台每年都将宣传全国两会会议精神作为重点工作，以专业视角筛选关键词和新闻，通过学会专家深入诠释相关内容，充分体现学会在跨部门、跨学科、跨领域、跨行业等方面的优势。

　　以2022年为例，中国城市规划学会在全国两会之前就开始策划专题，分会前、会中、会后三个阶段开展宣传工作。会议召开前，学会官方微信率先发布《全国两会召开在即，这些知识你都知道吗？》，吸引广大规划科技工作者共同回顾和关注全国两会。会议召开后，官方媒体群第一时间发布会议内容，一篇《2022全国两会|聚焦全国政府工作报告中城乡建设工作重点》成为每年全国两会召开当天的行业热文。同时，学会还调动身为全国两会代表/委员的理事，为其网络平台撰文，将意见和建议广泛传播，吸引全国规划师出谋划策。会议结束后，网络平台持续报道，整理与行业密切联系的关键词，包括城市更新、乡村振兴、城市规划、国土空间规划、历史文化保护、碳达峰碳中和、老旧小区改造等，将热词和代表们的建议整理成文，并强调在内容生产过程中加强价值传递，将全国两会精神传播到规划师之外的更大群体。

图30 中国城市规划学会官方网站的全国两会专题页面截图

中国城市规划学会部分原创文章在官方微信、学习强国号、百家号、澎湃号等平台的阅读量超过1万次,以2021年全国两会为例,分别为:《2021全国两会|聚焦全国政府工作报告中城乡建设工作重点》《图说两会热词|"城市更新"首次写入政府工作报告,哪些方面值得关注?》《图说两会热词|全面推进乡村振兴的集结号已吹响》《图说两会热词|关于"国土空间规划",代表委员们都说了啥》《图说两会热词|如何管好用好土地资源?解题思路在这里!》《图说两会热词|如何在区域协调发展上求突破开新局?代表委员们有话说》。

（四）北京市科协"最美科技工作者"和"第十次代表大会"宣传

1.北京"最美科技工作者"学习宣传活动

北京"最美科技工作者"学习宣传活动是北京市科协弘扬科学家精神的品牌工作，北京市科协从创新宣传理念、改进宣传形式、强化宣传手段入手，通过融媒体中心全方位、多层次讲好科技人物故事，在首都科技界形成了学习最美、争当最美的热烈氛围。作为北京市科协全媒体宣传代表作之一，北京"最美科技工作者"宣传工作采用了多平台联动的传播模式，在首都科技界引发积极反响。

立足弘扬科学家精神，讲好首都科技创新故事。2022年北京"最美科技工作者"来自理、工、农、医等各学科，涉及工程、材料、生物、航空、教育、医疗等各领域，北京市科协立足弘扬科学家精神，宣传北京"最美科技工作者"的成长过程、工作业绩和无私奉献，发布推送有关微信文章30余篇，系列短视频52个。2022年北京"最美科技工作者"名单揭晓后，社会媒体给予高度关注，形成了系列深度报道，"北京科协"官方微信及时推出综述文章，深化宣传成果。邀请北京"最美科技工作者"张云涛做客首都科学讲堂，分享新冠疫苗知识、讲述研发故事、传播科学家讲述，引发广泛关注。

创新大屏小屏联动，形成全媒体平台传播合力。2022年5月30日，北京市科协与北京广播电视台联合制作的《筑梦·启航》——2022年北京"最美科技工作者"学习宣传专题节目在北京卫视播出，节目邀请科技工作者的家人和团队共同参与录制，深情讲述科研背后的感人故事，从不同侧面展现首都科技工作者的风采和担当。北京市科协官方微信从多角度开展节目推荐，对节目视频进行二次开发，形成系列短视频，在抖音、微信视频号上广泛传播，形成全媒体立体式宣传态势。

注重宣传节奏把握，发挥舆论引导力。北京"最美科技工作者"宣传工作呈现出阶段性特点，北京市科协紧抓选题策划，着眼发展全局，将宣传工作划分为四个阶段：前期预热营造氛围、加快节奏迅速升温、全面发力掀起高潮、保持声势延续热度。四个阶段相互衔接，各有侧重，形成立体宣传声势。5月16—25日，北京市科协官方微信每天推出一篇相关报道，较好地发挥了预热引导作用。5月26—30日，加快宣传节奏，以文图+视频的方式，每天推出2条Vlog短视频和30秒人物宣传片。"全国科技工作者日"当天，北京电视台播出《筑梦·启航》专题片，相关视频在北京市科协微博、抖音、微信视频号等多平台同步播出，形成强大宣传声势。

2.北京市科协第十次代表大会宣传

2022年7月13—14日，北京市科学技术协会第十次代表大会在北京会议中心召开。北京市科协融媒体中心充分发挥全平台协同优势，坚持提前策划、精心部署、创新形式，充分展示科协组织发展变化和代表委员良好履职形象，营造隆重、热烈、团结、鼓劲、奋进的舆论氛围。

在"专"上下功夫，深入思考谋划整体宣传工作。北京市科协推动成立十大宣传工作组，从年初开始投入各项筹备策划工作，并贯穿大会始终。会议期间，宣传组全员上阵，组织20余名记者、编辑、主持人、播音员会场内外联动，按照北京市科协十大宣传策划要求，分工协作、通力配合，从"时、度、效"等方面全方位、多角度推进宣传工作，形成了良好传播效果。官方微信"北京科协"作为北京市科协新媒体宣传主平台，刊发市科协十大相关文章68篇，总阅读量超27万次，全景展示科协组织的良好形象。

在"早"上下功夫，预热营造热烈氛围。从2022年3月开始，官方微信设置北京市科协十大微专题，陆续开展2022年北京"最美科技工作者"、第24届"北京优秀青年工程师标兵"、首都科技工作者热议市第十三次党代会等系列宣传，为北京市科协十大召开预热造势。精心设计制作了北京市科协前九届代表大会长图，在大会开幕前夕陆续发布，回顾科协组织在党的领导下踔厉前行的奋斗历程。邀请北京市科协十大代表从多个角度寄语市科协十大，形成《代表寄语市科协十大，金句频出共话科技力量》等系列文章，得到广大科技工作者和北京市科协党员干部的积极回应，在大会开幕前营造隆重热烈的氛围。

在"快"上下功夫，用好用足新媒体即时发布优势。北京市科协充分利用政务新媒体即来即发、受众广泛、定向精准、平台多元等独特优势，大会期间第一时间通过新媒体平台发布大会盛况。《北京市科学技术协会第十次代表大会隆重开幕，刘德培主席作报告》《精彩视频|记者带你走进市科协十大开幕现场》《北京市科协第十次代表大会开幕，中国科协与北京市人民政府签署全面战略合作协议》等系列图文为媒体报道提供了一手素材，并在参会代表中形成热烈反响，将北京市科协十大的火热氛围推向高潮。

在"新"上下功夫，延展新媒体传播的深度广度。北京市科协紧跟时代步伐，坚持在宣传工作中不断融合新内容、新形式、新技术、新应用，进一步延展了新媒体传播的深度和广度。北京市科协十大宣传工作首次在会场设置新闻中心，邀请龚旗煌、高福、赵春江、孙丽丽、孙宝国等院士专家进行集体采访。首次与北京广播电视台合作拍摄制作会议Vlog，以媒体探访的全新视角展现大会盛况。首次实现官方微信"一日三发"连续推送会议内容，并运用内外部矩阵形成广泛传播，用生动的笔触、精彩的画面、鲜活的镜头，以全媒体视角将会议盛况生动地呈现给受众，充分展示北京市科协十大代表委员履职良好形象。

（五）浙江省科协"打造科学家群落，弘扬科学家精神"系列行动宣传

2021年，浙江省科协遴选钱学森、竺可桢、苏步青、严济慈、谈家桢、屠呦呦等6位浙籍著名科学家的故（旧）居、纪念馆，开展科学家精神培育基地试点工作，开展"打造科学家群落，弘扬科学家精神"系列行动并开展一系列策划宣传。依托浙江省科协官方微信、官方网站以及相关媒体的选题报

道，赓续"红色根脉"，强化政治引领，推进弘扬科学家精神可视化、人格化、具象化、实效化。

1.以科学家故（旧）居宣传为载体，让科学家精神"摸得着"

中国科协批准浙江省以6位著名科学家故（旧）居开展科学家精神培育基地试点工作后，2021年4—5月，浙江省科协宣传部组织相关人员对6处故（旧）居做深入走访，采集第一手文字、图片、视频资料。2021年5月24日在全国科技工作者日浙江主场活动上，浙江省科协举行隆重授牌仪式，钱学森之子钱永刚等科学家亲属亲临现场接牌。借此新闻热点，浙江省科协在各平台、媒体推出科学家精神培育基地新闻报道，兴起第一波弘扬科学家精神热潮。

**图31　2021年5月在全国科技工作者日浙江主场活动上，
浙江省科协举行"中国科协科学家精神培育基地"授牌仪式**

2.以"科学家精神培育基地"开展各种活动宣传为载体，让科学家精神"看得见"

在基地活动中，浙江省科协突出面向青年科技人才和青少年，变"故居"为"讲堂"，通过观看实物、现场聆听、实地体验，开展沉浸式学习、情景式感悟、体验式研学，深切感受老一辈科学家精神气质，让科学家精神见人见物见事，可亲可感可学。为在青年科技人才中弘扬科学家精神，浙江省科协宣传部组织浙江获奖青年科技工作者，赴"科学家精神培育基地"考察学习并开展座谈会。

同时，浙江省科协鼓励、带动基地积极开展基地的宣传推广活动。浙江省科协开展"双千"助力"双减"活动以来，基地的科普作用更为突出，中小学生纷纷到基地开展"打卡"学习。截至2021年底，全省科协系统组织开展各类科普活动2748场次，120万人次中小学生接受教育。同时，浙江省科协密切关注在基地开展的各种活动并在其官方网站、官方微信上及时刊发报道。《温州日报》《宁波日报》《东阳日报》等当地媒体和《科技金融时报》都对基地的活动开展了报道。

图32　2021年11月钱学森故居"科学家精神培育基地"挂牌仪式

2021年11月7日，钱学森诞辰百年活动，钱学森故居暨"科学家精神培育基地"挂牌仪式，《人民日报》、新华社、《光明日报》等中央主流媒体广泛报道。《光明日报》还专门刊发评论：乐见科学家精神培育基地成为网红"打卡地"。中国科协党组将其列为全国科协系统党史学习教育特色活动并向全国推介。

图33　浙江省科协官方微信"科技武林门"对央媒的报道截图

3.讲好"浙里·科学家"故事，挖掘更多科学家故（旧）居充实"科学家精神培育基地"，让科学家精神"在身边"

浙江省科协通过打造"浙里·科学家"宣传品牌，对科学家精神、科学家事迹进行深处挖掘、广处覆盖、高处弘扬；讲好著名科学家故事，宣传钱学森、茅以升等20位浙籍老一辈科学家的爱国故事，让新中国"站起来"的重大科技成果深入人心；宣传优秀科技人物，重点宣传了"三大科创高地"建设、数字化改革、"碳达峰碳中和"、共同富裕示范区建设等创新实践中涌现出来的优秀人物80余人，用现代人、创新事诠释科学家精神；进一步挖掘浙江科学家的教育资源，充实下一步的"科学家精神教育基地"资源，弘扬科学家精神。

围绕弘扬科学家精神，2021年的科学家精神培育基地试点工作和宣传为全国科学家精神教育基地先行先试积累了浙江经验，提供了浙江样本。2022年"科学家精神培育基地"升级为"科学家精神教育基地"。基于前期对"科学家精神培育基地"的全面宣传，全省各地积极申报首批"科学家精神教育基地"，涌现了一批硬件足、软件强的省级基地。在2022年5月27日的"全国科技工作者日"浙江主场活动上，浙江省科协公布了23家省级"科学家精神培育基地"名单。

（六）上海市科协针对热点议题的宣传

上海市科协以强化宣传阵地建设、有效整合资源、打通渠道、打造多样化媒体宣传矩阵为网络平台运维思路，以"有策划""成系列"作为网络平台传播策略。

2021年是中国共产党成立100周年，也是"十四五"开局之年，上海市科协以"传承与创新"为命题，策划"聆听历史回声、激荡科学精神"百年科学纪事主题宣传，利用多年积累的采访资源，根据方案主题进行挑选和整合，针对不同平台特点制作图文结合、短视频、音频等产品进行发布，大力弘扬科学家精神，为建设世界科技强国汇聚磅礴力量。

配合上海市科技党委策划的《百年伟业　巾帼正当红》系列主题内容，以图文、短视频相结合的方式在微信、微博、抖音等平台进行发布，《百年伟业　巾帼正当红——耿美玉》视频在"上海科协"微博获34.7万次阅读量。此外，同样以女性科学家风采为主题的微博文章总阅读量10万。

图34　上海市科协微博《百年伟业　巾帼正当红——耿美玉》截图

对同一个主题在不同平台形成全方位立体式宣传报道，使宣传效应全方位叠加放大。2021年上海市"全国科普日"期间，上海市科协举办《科技会客厅——答"肺"所问》活动，前期在上海市科协发布活动预告，活动举办当天在微信视频号进行线上活动直播，会后在官方微信、微博发布相关文章，将活动后对专家进行的采访拍摄剪辑成小视频，在抖音上进行发布。

（七）中国人工智能学会"吴文俊人工智能科学技术奖"十周年颁奖盛典活动宣传

"吴文俊人工智能科学技术奖"作为中国人工智能学会的品牌活动，设立十年以来，先后表彰奖励426个单位及行业机构，391个创新成果和项目，1403位专家学者。在激发和弘扬科学家潜心钻研、锐意创新精神的同时，不断推进我国智能科学技术进步发展。2021年4月10日，"吴文俊人工智能科学技术奖"十周年颁奖盛典在北京举办，中国人工智能学会宣传团队早在2020年便开始相关策划，官方微信、微博发布的系列稿件收获近10万次阅读量。

找准宣传节点。中国人工智能学会以活动通知、获奖名单公布、获奖者报道、活动盛况等受众关注的几个重要环节为宣传基本点，再围绕基本点开展进一步宣传，最终以点连成线，再以各平台并行宣传交织成一张网，辐射不同平台的读者与受众，达到宣传效果最大化。

把握宣传风格。不同类型稿件采用不同的宣传风格：名单公布稿件简单权威、一目了然，活动通知正式清晰，获奖者报道图文结合娓娓道来，活动盛况报道侧重真实客观和时效性。

匹配不同形式。同一主题内容根据不同平台的宣传特点在宣传形式上进行转化。官方网站、官方微信的内容篇幅较长，经过提炼再转化至微博平台，文章传播风格、发文格式、图片大小等都作为发布转化的关键点进行把控。

聚焦重点内容。回归宣传本身，获奖者在颁奖典礼中最受瞩目，围绕获奖者展开讲述最容易打动读者，并满足读者好奇心。如获奖者因何成果获此奖项，获奖后作何感想等。以《实至名归I2020年吴文俊人工智能最高成就奖获奖者李德毅院士》单篇稿件在官方微信、微博分别获1.4万次和2.1万次的阅读量来看，重点内容的塑造深受读者喜爱。

图35　2020年吴文俊人工智能最高成就奖获得者李德毅院士截图

（八）中国抗癌协会"第28届全国肿瘤防治宣传周暨中国抗癌日"活动宣传

全国肿瘤防治宣传周（4·15）是中国历史最悠久、规模最大、影响力最强的防癌抗癌品牌科普活动，由中国抗癌协会在1995年倡导发起，截至2022年已成功举办28届，同时，2022年迎来第5个"中国抗癌日"活动。本次宣传周主题为"整合资源　科学防癌"，全国启动仪式首次采用"线下启动+全网直播"的方式，中国抗癌协会客户端、新华网客户端、人民网·人民好医生、央视频、大专家、百度、今日头条、微博、腾讯、B站、健康界、医脉通、乐问医学等72家媒体同步直播，全网累计观看启动仪式直播人数4562.8万。协会采取线上与线下活动相结合，全媒体联动宣传的形式，使全国肿瘤防治宣传周活动更好地实现普及科学防癌的理念、引导公众远离不良生活习惯、践行健康生活方式、实现对肿瘤有效防治的目标。

中国抗癌协会向全国发布活动海报，在中国抗癌协会网站、客户端（APP）开通专题宣传板块，为各组织机构的"4·15"主题活动提供线上集中展示和宣传平台，同时联动各单位通过各自账号将有关活动新闻和报道及时发布于APP平台。同时与主流媒体和新媒体联动，发挥专业媒体的内容生产和传播优势，依托各分支机构、省市抗癌协会、团体会员单位、科学传播专家团队以及313家科普教育基地，通过科普图书赠阅、科普视频制作和播放、线上及线下科普活动等多样化形式开展癌症防治宣传教育和科普活动。本届活动参与组织达4509家，举办各类科普活动10606场，直接受益公众及患者超过1亿人，媒体报道总数1.6万篇，媒体总阅读量9.4亿次，均创历届之最。

社会各界积极参与2022年宣传周活动，直接参与活动组织的医务人员18.3万人、科技工作者1.5万人、活动组织者9.2万人、志愿者26.8万人、媒体人员2.6万人，合计总数达58.4万人，是2021年直接参与人员总数（35.8万人）的1.6倍。宣传周期间，还针对不同年龄人群的阅读习惯和信息获取方式，开展科普讲座3996场，义诊咨询1696场，媒体访谈活动2288场，患者交流活动2106场，广播电视节目520期。全国共组织各类活动1.1万场，是2021年活动总数的1.5倍。

附录

附录一　全国学会和省级科协评价单位名录

一、全国学会

学会编号	单位名称
A–01	中国数学会
A–02	中国物理学会
A–03	中国力学学会
A–04	中国光学学会
A–05	中国声学学会
A–06	中国化学会
A–07	中国天文学会
A–08	中国气象学会
A–09	中国空间科学学会
A–10	中国地质学会
A–11	中国地理学会
A–12	中国地球物理学会
A–13	中国矿物岩石地球化学学会
A–14	中国古生物学会
A–15	中国海洋湖沼学会
A–16	中国海洋学会

学会编号	单位名称
A-17	中国地震学会
A-18	中国动物学会
A-19	中国植物学会
A-20	中国昆虫学会
A-21	中国微生物学会
A-22	中国生物化学与分子生物学会
A-23	中国细胞生物学学会
A-24	中国植物生理与植物分子生物学学会
A-25	中国生物物理学会
A-26	中国遗传学会
A-27	中国心理学会
A-28	中国生态学学会
A-29	中国环境科学学会
A-30	中国自然资源学会
A-31	中国感光学会
A-32	中国优选法统筹法与经济数学研究会
A-33	中国岩石力学与工程学会
A-34	中国野生动物保护协会
A-35	中国系统工程学会
A-36	中国实验动物学会
A-37	中国青藏高原研究会
A-38	中国环境诱变剂学会
A-39	中国运筹学会
A-40	中国菌物学会
A-41	中国晶体学会
A-42	中国神经科学学会
A-43W	中国认知科学学会
A-44W	中国微循环学会
A-45G	国际数字地球协会

学会编号	单位名称
A-46G	国际动物学会
B-01	中国机械工程学会
B-02	中国汽车工程学会
B-03	中国农业机械学会
B-04	中国农业工程学会
B-05	中国电机工程学会
B-06	中国电工技术学会
B-07	中国水力发电工程学会
B-08	中国水利学会
B-09	中国内燃机学会
B-10	中国工程热物理学会
B-11	中国空气动力学会
B-12	中国制冷学会
B-13	中国真空学会
B-14	中国自动化学会
B-15	中国仪器仪表学会
B-16	中国计量测试学会
B-17T	中国标准化协会
B-18	中国图学学会
B-19	中国电子学会
B-20	中国计算机学会
B-21	中国通信学会
B-22	中国中文信息学会
B-23	中国测绘学会
B-24	中国造船工程学会
B-25	中国航海学会
B-26	中国铁道学会
B-27	中国公路学会
B-28	中国航空学会

续表

学会编号	单位名称
B-29	中国宇航学会
B-30	中国兵工学会
B-31	中国金属学会
B-32	中国有色金属学会
B-33	中国稀土学会
B-34	中国腐蚀与防护学会
B-35	中国化工学会
B-36	中国核学会
B-37	中国石油学会
B-38	中国煤炭学会
B-39	中国可再生能源学会
B-40	中国能源研究会
B-41	中国硅酸盐学会
B-42	中国建筑学会
B-43	中国土木工程学会
B-44	中国生物工程学会
B-45	中国纺织工程学会
B-46	中国造纸学会
B-47	中国文物保护技术协会
B-48T	中国印刷技术协会
B-49	中国材料研究学会
B-50	中国食品科学技术学会
B-51	中国粮油学会
B-52T	中国职业安全健康协会
B-53	中国烟草学会
B-54	中国仿真学会
B-55	中国电影电视技术学会
B-56	中国振动工程学会
B-57	中国颗粒学会
B-58	中国照明学会

学会编号	单位名称
B-59	中国动力工程学会
B-60	中国惯性技术学会
B-61	中国风景园林学会
B-62	中国电源学会
B-63	中国复合材料学会
B-64T	中国消防协会
B-65	中国图象图形学学会
B-66	中国人工智能学会
B-67	中国体视学学会
B-68	中国工程机械学会
B-69T	中国海洋工程咨询协会
B-70T	中国遥感应用协会
B-71	中国指挥与控制学会
B-72T	中国光学工程学会
B-73T	中国微米纳米技术学会
B-74	中国密码学会
B-75T	中国大坝工程学会
B-76T	中国卫星导航定位协会
B-77W	中国生物材料学会
B-78G	国际粉体检测与控制联合会
B-79T	中国矿山安全学会
C-01	中国农学会
C-02	中国林学会
C-03	中国土壤学会
C-04	中国水产学会
C-05	中国园艺学会
C-06	中国畜牧兽医学会
C-07	中国植物病理学会
C-08	中国植物保护学会
C-09	中国作物学会

续表

学会编号	单位名称
C-10	中国热带作物学会
C-11	中国蚕学会
C-12	中国水土保持学会
C-13	中国茶叶学会
C-14	中国草学会
C-15T	中国植物营养与肥料学会
C-16W	中国农业历史学会
D-01	中华医学会
D-02	中华中医药学会
D-03	中国中西医结合学会
D-04	中国药学会
D-05	中华护理学会
D-06	中国生理学会
D-07	中国解剖学会
D-08	中国生物医学工程学会
D-09	中国病理生理学会
D-10	中国营养学会
D-11	中国药理学会
D-12	中国针灸学会
D-13	中国防痨协会
D-14	中国麻风防治协会
D-15T	中国心理卫生协会
D-16	中国抗癌协会
D-17	中国体育科学学会
D-18	中国毒理学会
D-19	中国康复医学会
D-20	中国免疫学会
D-21	中华预防医学会
D-22	中国法医学会
D-23T	中华口腔医学会

学会编号	单位名称
D–24T	中国医学救援协会
D–25T	中国女医师协会
D–26T	中国研究型医院学会
D–27W	中国睡眠研究会
D–28W	中国卒中学会
D–29W	中国胰腺病学会
E–01	中国自然辩证法研究会
E–02	中国管理现代化研究会
E–03	中国技术经济学会
E–04	中国现场统计研究会
E–05	中国未来研究会
E–06	中国科学技术史学会
E–07	中国科学技术情报学会
E–08	中国图书馆学会
E–09	中国城市科学研究会
E–10	中国科学学与科技政策研究会
E–11	中国农村专业技术协会
E–12T	中国工业设计协会
E–13	中国工艺美术学会
E–14	中国科普作家协会
E–15	中国自然科学博物馆学会
E–16T	中国可持续发展研究会
E–17	中国青少年科技教育工作者协会
E–18	中国科教电影电视协会
E–19	中国科学技术期刊编辑学会
E–20T	中国流行色协会
E–21	中国档案学会
E–22	中国国土经济学会
E–23	中国土地学会
E–24	中国科技新闻学会

学会编号	单位名称
E-25	中国老科学技术工作者协会
E-26T	中国科学探险协会
E-27T	中国城市规划学会
E-28T	中国产学研合作促进会
E-29T	中国知识产权研究会
E-30T	中国发明协会
E-32T	中国工程教育专业认证协会
E-33T	中国检验检测学会
E-34T	中国女科技工作者协会
E-35W	中国创造学会
E-36W	中国经济科技开发国际交流协会
E-37W	中国高科技产业化研究会
E-38W	中国微量元素科学研究会
E-40W	中国基本建设优化研究会
E-41W	中国科技馆发展基金会
E-42W	中国生物多样性保护与绿色发展基金会
E-43W	中国反邪教协会
E-44T	中国高等教育学会
E-45W	詹天佑科学技术发展基金会

以上全国学会名录与中国科协网"全景科协"的全国学会名录顺序一致（截至2022年12月31日）。

二、省级科协

序号	单位名称
1	北京市科协
2	天津市科协
3	河北省科协
4	山西省科协
5	内蒙古科协

序号	单位名称
6	辽宁省科协
7	吉林省科协
8	黑龙江省科协
9	上海市科协
10	江苏省科协
11	浙江省科协
12	安徽省科协
13	福建省科协
14	江西省科协
15	山东省科协
16	河南省科协
17	湖北省科协
18	湖南省科协
19	广东省科协
20	广西科协
21	海南省科协
22	重庆市科协
23	四川省科协
24	贵州省科协
25	云南省科协
26	西藏科协
27	陕西省科协
28	甘肃省科协
29	青海省科协
30	宁夏科协
31	新疆科协
32	新疆兵团科协

以上省级科协名录与中国科协网"全景科协"省、自治区、直辖市科协名录顺序一致（截至2022年12月31日）。

附录二　中国科协网络宣传平台调查

一、网络平台摸底调查

中国科协系统网络宣传平台摸底调查问卷（2020年4月）

表1　网络宣传平台建设情况统计表

填报单位（公章）：　　　　　　填报时间：

编号	渠道	平台名称	账号名称或域名	主办单位	备注
1	网站				
2	客户端（APP）				
3	社交类媒体平台				
4	视频类媒体平台				
5	自媒体平台				
6	问答类平台				
7	其他平台				

填表说明：1.平台名称指主管主办的官方网站、客户端、公众号名称，主办单位为申请平台的单位；2.如有其他需要说明事项，请在备注栏填写；3.主管主办平台多的可自行加页填写。

表2　网络宣传平台备案登记表

填报单位（公章）：　　　　　　填报时间：

名称	账号ID或链接网址	创建时间	关注人数/日点击量	信息发布频率
类型	□网站　　　□客户端　　　□官方微信　　　□官方微博　　　□其他_____			
平台主要传播内容				
平台运营维护方式				
平台管理员	姓名	单位	职务	联系方式

填写说明：1.平台运营维护方式栏请明确是否委托其他单位代为维护，以及委托单位基本情况；2.平台管理人员为平台与联络工作的具体负责人员；3.平台名称、管理人员发生变更，应在5个工作日内以书面形式上报。

二、网络平台传播调查

中国科协网络宣传平台调查问卷（2022年5月）

1.单位名称_____，网络平台运维____人。

2.填报人信息_____。

3.开展网络宣传的官方平台有哪些？请逐一填写下表相应信息。

平台	账号名称	认证单位名称	运营维护部门	运营人数	信息来源	备注
官方网站						
官方微信						
微信视频号						
微博						
今日头条						
抖音						
快手						
B站						
西瓜视频						
知乎						
澎湃						
……						

填写说明：①请填写全国学会本级名称开通并认证的官方账号；②同一平台有多个账号，只填写一个最主要的政务宣传内容官方账号；③平台运维是下属单位或外包等情况，请填写运维单位全称；④信息来源请尽量填写详细情况；⑤如有未列出平台，请自行添加。

4.官方网站情况调查：

4a.2022年一季度官方网站发稿_____篇，

4b.访问量/浏览量_____次，

4c.与2021年相比，阅读量变化情况_____，

①上升　②稳定　③下降

4d.阅读量变化的影响因素_____，

4e.政务宣传有哪些特色_____，

4f.政务宣传有哪些不足_____，

4g.提升建议_____。

5.官方微信情况调查：

5a.官方微信当前的用户订阅/关注人数_____人，

5b.政务宣传有哪些特色_____，

5c.政务宣传有哪些不足_____，

5d.提升建议_____。

6.视频平台情况调查：

6a.抖音、快手、B站等视频平台，宣传内容有哪些_____，

6b.其中政务宣传有哪些_____，

6c.政务宣传有哪些特色_____，

6d.政务宣传有哪些不足_____，

6e.提升建议_____。

7.2022年平台建设和维护情况调查：

7a.2022年新开通账号_____，

7b.计划开通哪个平台账号_____，

7c.在平台建设和维护方面有哪些提升计划_____。

8.典型案例调查：

8a.本单位网络平台政务宣传效果最好的平台_____，

8b.在议题设置、内容策划、活动宣传、传播效果等方面的典型优秀案例_____。

9.出台了哪些网络平台宣传管理方面的管理制度和管理办法，文件名称_____。

填写说明：包括网络监管、信息监管、舆情管理、应急预案、宣传工作考评、网络安全监管、网站等针对具体平台的管理办法，相应文件名称请填至括号内，并将文件电子版发至邮箱。

10.对中国科协网络平台宣传评价工作的意见建议_____。

三、网络平台传播案例征集

中国科协网络平台传播案例征集（2022年3月）

为推动提升中国科协网络平台宣传评价工作，向部分全国学会和省级科协征集案例，材料报送主要要求如下：

1.网络平台宣传开展情况；

2.网络平台宣传成效与经验；

3.特点突出的平台_____，表现在哪些方面；

4.2021年网络平台宣传较2020年有哪些提升；

5.2022年网络平台宣传计划；

6.网络平台宣传存在问题和建议；

7.提供相关内容素材图片或视频。

主要参考文献

[1] 祝华新.新中国舆情认知的演变——以《人民日报》舆情监测工作为例[J].
浙江传媒学院学报，2018（1）.

[2] 周亭，杨钰，向雅琴.重构用户连接：全媒体环境下传统媒体的内容生产
与流程再造[J].当代电视，2018（7）.

[3] 周敏，王希贤.短视频平台如何更好平衡社会责任和企业效益——以快手
非遗IP打造为例[J].现代视听，2021（5）.

[4] 周葆华.大众传播效果研究的历史考察[D].复旦大学，2005.

[5] 中璋.效应：舆论传播的100个定律[M].北京：中信出版集团，2020.

[6] 中国科学院科学传播研究中心.中国科学传播报告（2021）[M].北京：科
学出版社，2021.

[7] 郑丹妮.网站影响力评价指标体系与方法述评[J].新闻世界，2011（7）.

[8] 赵彤.媒体融合传播效果评估的路径、模型与验证[J].新闻记者，2018（3）.

[9] 赵岚，刘家肇.科技传播STS模式初探[J].中国报业，2019（14）.

[10] 张子凡，余兆忠，求力.组织传播视角下新闻舆论的传播力引导力影响
力公信力辨析[J].河南工业大学学报（社会科学版），2020（8）.

[11] 张志安，冉桢.互联网平台的运作机制及其对新闻业的影响[J].新闻与写
作，2020（03）.

[12] 张晓.数字化转型与数字治理[M].北京：电子工业出版社，2021.

[13] 张瑞静.网络议程设置理论视域下新型主流媒体传播效果评价指标分析[J].中国出版，2019（6）.

[14] 张博，李竹君.微博信息传播效果研究综述[J].现代情报，2017（01）.

[15] 喻国明，李彪.互联网平台的特性、本质、价值与"越界"的社会治理[J].全球传媒学刊，2021（4）.

[16] 谢湖伟，朱单利，黎铠垚."四全媒体"传播效果评估体系研究[J].传媒，2020（19）.

[17] 王秀丽，赵雯雯，袁天添.社会化媒体效果测量与评估指标研究综述[J].国际新闻界，2017（04）.

[18] 王娇娇.主流媒体短视频新闻的"四力"提升——以《人民日报》为例[J].今传媒，2020，28（1）.

[19] 万安伦，张小凡，曹培培.互联网内容平台评审制度的进化与把关人的转向[J].中国编辑，2022（8）.

[20] 唐维红，王京.新型主流媒体建设成效评价体系研究[J].新闻战线，2021（15）.

[21] 孙英春.传播效果研究的一种途径[J].浙江学刊，2002（2）.

[22] 苏为华.多指标综合评价理论与方法问题研究[D].厦门大学，2000.

[23] 宋建武，乔羽.全媒体传播体系的功能，结构与技术支撑[J].传媒评论，2020（10）.

[24] 沈正赋.新媒体时代新闻舆论传播力、引导力、影响力和公信力的重构[J].现代传播（中国传媒大学学报），2016（5）.

[25] 沈正赋.论新闻舆论"四力"发展的动力建构[J].现代传播（中国传媒大学学报），2022，44（1）.

[26] 邵培仁.媒介生态学研究的基本原则[J].新闻与写作，2008（01）.

[27] 任孟山.国际传播的路径逻辑：从能力到效力[J].对外传播，2017（1）.

[28] 彭兰.新媒体用户研究：节点化、媒介化、赛博格化的人[M].北京：中国人民大学出版社，2020.

[29] 孟凡蓉，陈光，袁梦，等.世界一流科技社团综合能力评估指标体系设计研究[J].科学学研究，2020，38（11）.

[30] 罗昕，支庭荣，吴卫南.中国网络社会治理研究报告（2017）[M].北京：社会科学文献出版社，2017.

[31] 卢新宁."内容+"将成为媒体融合关键词[J].新闻战线，2017（9）.

[32] 刘燕南，刘双.国际传播效果评估指标体系建构：框架、方法与问题[J].现代传播（中国传媒大学学报），2018（8）.

[33] 刘琴，张淑华.关于构建新型主流媒体评价指标体系的探索性研究[J].传媒，2017（04）.

[34] 匡文波，武晓立.基于微信公众号的健康传播效果评价指标体系研究[J].国际新闻界，2019（01）.

[35] 姜涛，冯彦麟.媒介传播力的评估方法与路径[J].新闻与写作，2018（11）.

[36] 季楚玮."5W"模式下政务抖音的传播现状及对策研究—以"共青团中央"为例[D]，华中科技大学.

[37] 姬德强.平台化治理：传播政治经济学视域下的国家治理新范式[J].新闻与写作，2021（04）.

[38] 姬德强，陈蕊.节点，界面与平台：深度媒介化时代的传播效果三要素[J].青年记者，2022（13）.

[39] 黄楚新，代晗.融合传播时代的内容评价[J].青年记者，2018（30）.

[40] 胡正荣.媒体融合向纵深发展的抓手[J].广播电视信息，2020，27（10）.

[41] 韩霄.人·机·物：走出单一的传播效果研究[J].青年记者，2022（13）.

[42] 高亮，朱玉姣.高校共青团新媒体工作考核评价指标体系构建[J].管理观察，2018（20）.

[43] 冯锐，李闻.社交媒体影响力评价指标体系的构建[J].现代传播（中国传媒大学学报），2017（3）.

[44] 丁柏铨.论新闻舆论传播力、引导力、影响力、公信力[J].新闻爱好者，2018（1）.

[45] 陈力丹."提高新闻舆论传播力、引导力、影响力、公信力"——学习十九大报告关于新闻舆论工作的论述[J].新闻爱好者，2018（03）.

[46] 蔡雯，许向东.融媒体建设与创新[M].北京：中国人民大学出版社，2020.

[47] [美]詹姆斯·波特.媒介效果[M].段鹏，韩霄，译.北京：中国传媒大学出版社，2020.